가장 쉬운

수학
함수

가장 쉬운 수학 함수

ⓒ 김용희, 2024

초 판 3쇄 발행일 2018년 4월 10일
개정판 1쇄 발행일 2024년 7월 01일

지은이 김용희
펴낸이 김지영   펴낸곳 Gbrain
편집 김현주
마케팅 조명구   제작 · 관리 김동영

출판등록 2001년 7월 3일 제2005-000022호
주소 04021 서울시 마포구 월드컵로7길 88 2층
전화 (02)2648-7224   팩스 (02)2654-7696

ISBN 978-89-5979-796-7(03410)

가장 쉬운

수학 함수

김용희 지음

지브레인

학생들에게 수학 단원 중 어느 부분이 가장 어려운지 질문을 던져보았다. 집합, 방정식, 도형 등 여러 단원이 언급되었는데 그중 가장 많은 대답이 함수였다. 수학의 중요 개념인 함수는 현대수학의 기본이라 할 만큼 다양하게 사용되고 있다. 방정식, 부등식, 미분, 적분, 극한 등 여러 수학 단원과도 연관이 되어 있고 컴퓨터 프로그램, 주식, 음악 등에도 활용될 만큼 우리 생활에 깊숙히 들어와 있다. 그럼에도 함수를 어렵게 여겨 중학교 때부터 포기하는 학생들이 있다. 그래서 함수를 포기한 학생들이나 현재 함수의 기본을 배우고 있는 중학생, 함수가 궁금한, 새로 시작하는 분들까지 함수가 필요한 분들에게 도움이 되고 싶은 마음에 이 책을 쓰게 되었다.

이 책은 함수의 기본 개념을 최대한 알기 쉽게 설명하려고 노력했다. 또한 함수의 기본개념을 이해한 후 쉽고 다양한 예제를 통해서 함수를 어떻게 이용할 것인가를 터득할 수 있도록 했다.

표, 그래프를 이용해 좀 더 쉽게 함수를 활용하는 방법을 설명했으며 그림으로 삼각함수를 시각화시켜 이해도를 높일 수 있도록 했다. 또한 수학 문제는 잘 풀다가도 과학에서 문장으로 문제가 나오면 주춤하는 학생들을 위해 중학과학 중 힘과 운동, 에너지 단원에서 나오는 함수 관련 문제를 예제로 넣어 과학과 수학의 시너지 효과도 기대할 수 있도록 했다.

연필을 들고 그래프를 그려보며 문제를 푼다면 함수는 어느덧 사칙연산처럼 편안하게 머릿속에 자리잡게 될 것이다. 책의 내용을 충분히 이해했다면 더 복잡하고 심화된 함수 문제에도 도전해보자.

문제를 보는 순간 함수의 기본 개념들이 떠오르면서 어떻게 문제를 요리해야 할지 파악된다면 이제 함수는 여러분의 것이다. 준비가 되었다면 함수의 세계로 빠져들어 보자.

김용희

함수의 역사

함수의 개념은 수학의 역사와 함께 존재해왔다. 함수라는 말이 쓰이기 훨씬 전인 고대 바빌로니아 시대부터 함수의 개념은 시작되었다. 고대 바빌로니아인들은 천체의 운동을 관찰하고 그 주기성을 발견하기 위해 수표를 만들었는데 그 수표를 함수의 기원으로 볼 수 있다.

비스듬히 위로 던져올린 물체, 포탄의 움직임 등 물체의 운동을 연구하면서 함수의 개념은 본격적으로 형성되기 시작했다. 17세기부터는 수학자들에 의해 본격적으로 함수가 발전되기 시작했다. 갈릴레이(1564~1642)는 '비례'라는 말로 일차함수의 개념을 표현했고 물체가 운동을 할 때 시간과 거리 관계를 나타내기 위하여 이차함수를 사용하였다.

데카르트(1596~1650)는 좌표를 고안하여 좌표평면에 직선과 원, 곡선 등의 기하학적 도형을 식으로 표현하게 되었다. 이렇게 그는 함수를 그래프로 나타내면서 수의 성질을 연구하는 대수학과 도형의 성질을 연구하는 기하학을 하나로 묶었다.

'함수'라는 용어는 라이프니츠(1646~1716)가 베르누이와 주고받은 편지에서 처음으로 사용되었다. 라이프니츠는 곡선 위의 점에서 접선, 법선, 좌표축에서의 수선의 길이 등을 구하는 일을 함수라고 불렀다.

오일러(1707~1783)는 두 집합의 각 원소들 사이의 관계를 대응으로 표현하면서 함수를 변수와 상수에 의해 만들어지는 해석 식으로 보았다. x의 함수 f를 나타내기 위해 f(x)라는 기호를 처음으로 사용했다.

함수 기호 f는 18세기 프랑스의 수학자 달랑베르(1717~1783)가 처음으로 사용했고 푸리에와 코시(1789~1857)는 현대 함수의 기초를 만들었다. 그중에서도 코시는 함수를 변수 사이의 관계로 규정하는 함수에 대한 현대적인 정의를 내리고 함수론을 정리하여 '함수의 아버지'로 불렸다.

계속해서 디리클레(1805~1859)는 함수를 두 수의 집합 사이의 대응 관계로 파악하여 '모든 x에 대하여 각각 단 하나의 y가 대응할 때 이를 함수라고 한다'라고 함수의 개념을 일반화시켰다. 푸리에는 푸리에급수를 통해 임의의 함수를 삼각함수의 무한급수의 합으로 나타내었는데 이

디리클레

푸리에급수는 빛, 소리, 진동, 컴퓨터 분야에 넓게 활용되고 있다.

그 후 운동을 나타내는 여러 가지 곡선과 결합한, 곡선 함수가 연구되면서 함수는 점점 방정식이 강조되는 대수함수로 발전했다.

이렇듯 함수는 우리 주변에서 일어나는 현상을 수학적으로 설명하는 법칙이나 규칙을 연구하고 표현하는 수단으로 발달했다. 그래서 어떤 수학자는 수학을 함수 관계를 다루는 학문이라고 말하기도 한다. 그만큼 함수는 수학에서 중요한 개념이며 현대 수학의 기본이라 할 수 있다.

함수란?

우리는 실생활 속에서 함수를 접할 기회가 많다. 출석부에 적힌 이름과 번호, 음료 자판기 그리고 새학기에 짝을 정하는 것 모두가 함수이다. 알게 모르게 함수를 응용하고 이용하면서 우리 생활이 편리해지고 있다. 함수를 통해 실생활에서 변화하는 현상을 관찰하고 설명하고 예측할 수 있기 때문이다. 실생활에서 일어나는 여러 상황을 이해하기 위해 함수를 아는 것이 중요하다.

그렇다면 함수란 무엇일까? 먼저 초등학교 때 배운 비례를 떠올려 보자.

비율, 비례식, 백분율 등이 생각날 것이다. 정비례, 반비례까지 떠올렸다면 함수를 시작할 준비가 되었다. 혹시 가물가물하다면 예를 들어 이야기해보자. 아이스크림을 사러 가게에 갔다. 아이스크림 하나에 800원이라면 몇 개를 사느냐에 따라 지불하는 액수가 달라진다. 이때 아이스크림 개수를 x라 하고 지불하는 금액을 y라고 하자.

식으로 나타내면 다음과 같다.

$$y = 800 \times x$$

x가 2배, 3배로 변하면 y도 2배, 3배로 변하게 된다. 이처럼 x의 값이 증가할수록 y의 값도 증가하는 x와 y의 관계가 정비례이다.

넓이가 $36m^2$인 직사각형 모양의 정원을 만들어 보자. 가로의 길이를 x, 세로 길이를 y라고 하면 x와 y의 값을 어떻게 구할 수 있을까?

식으로 나타내면

$$x \times y = 36 \quad y = \frac{36}{x}$$

이번에는 x가 2배, 3배로 변하면 y는 $\frac{1}{2}$배, $\frac{1}{3}$배로 변하게 된다. 이처럼 x의 값이 변할때 x와 y의 곱이 일정한 x와 y의 관계가 반비례이다. 이렇게 비례는 변화하는 x에 따라 y가 일정하게 변화할 때의 x, y의 관계를 나타낸다.

비례처럼 x값의 변화에 따라 y값이 일정한 규칙에 따라 변하는 것이 함수의 기본 중 하나이다. 이제 함수라는 글자를 살펴보자

함수의 '함函'에는 상자라는 뜻이 담겨 있다. 이 의미대로 어떤 수가 어떤 기능이 있는 상자에 들어가서 그 값이 결정되는 것이 함수이다.

함수는 영어로 function이다. 따라서 함수의 수식은 function의 첫 글자를 따 $f(x)$라 표현한다.

이제 함수를 더 쉽게 이해할 수 있도록 3D 프린터를 떠올려 보자.

3D 프린터는 아래 그림처럼 플라스틱 가루를 재료로 넣고 볼펜 설계도를 프로그램하면 플라스틱으로 된 볼펜이 만들어져 나오는 프린터이다.

플라스틱 가루 ➡ **볼펜 설계도** ➡ 플라스틱 볼펜

또한 볼펜 설계도 대신 그릇 설계도를 넣으면 플라스틱 그릇이 나오듯 어떤 설계도를 넣느냐에 따라 다양한 물건이 만들어진다.

함수도 이와 같다. 어떤 수 x를 넣고 f라는 설계도를 넣으면 y라는 결과가 나오는 것, 이것이 함수이다.

여기서 x, y는 여러 가지 값으로 변하는 변수이다.

예를 들면 작용하는 힘에 따라 길이가 달라지는 용수철 저울이 있다. 추를 하나씩 걸 때마다 용수철 저울의 길이가 2cm씩 늘어난다. 처음 용수철 저울의 길이가 10cm였을 때 추의 개수를 x, 용수철 저울의 총 길이를 y로 하면 다음과 같은 표로 결과를 나타낼 수 있다.

추의 개수(x개)	0	1	2	3	4
용수철 저울의 길이(cm)	10	12	14	16	18

이 추의 개수 x개에 대한 용수철 저울의 길이 y cm의 관계를 살펴보자. x의 값이 변함에 따라 y의 값도 변하고 있다. 이것을 식으로 나타내면 $y = 2x + 10$이다.

이처럼 두 변수 x, y 사이에 x의 값 하나씩에 y의 값이 하나씩 정해질 때 y를 x의 함수라 하며, 이를 기호로 $y = f(x)$로 나타낸다.

여기서 주의할 점은 함수는 x에 대한 y의 값이 단 하나씩만 정해져 있다는 것이다. 그림으로 표현하면 다음과 같다.

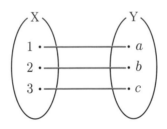

X의 원소는 각각 Y의 원소와 하나씩 짝지어져 있다. 이렇게 짝지어지는 것을 대응이라고 한다. 이처럼 X의 원소에 Y의 원소가 하나씩 대응되는 것, 이것이 함수이다.

그렇다면 다음 그림들도 함수일까?

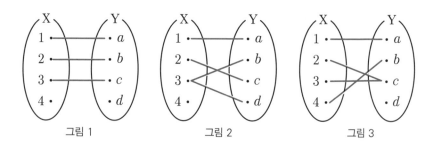

| 그림 1 | 그림 2 | 그림 3 |

그림 1은 X의 원소인 4와 대응하는 Y의 원소가 없으므로 함수가 아니다.

그림 2는 X의 원소인 3이 Y의 원소 두 개와 대응이 되었으므로 함수가 아니다.

그림 3은 X의 원소가 Y의 원소와 일대일로 대응되었으므로 함수이다. 이때 Y의 원소 중 d가 대응이 되지 않아도 된다. X의 원소만 하나도 남김없이 대응이 되면 함수이기 때문이다.

이렇게 x의 값이 하나씩 정해짐에 따라 y의 값이 단 하나씩 정해지면 함수이고, x의 값에 따른 결과로 y의 값이 여러 개 나오거나 나오지 않으면 함수가 아니다.

정의역, 공역, 치역

X의 각 원소에 대하여 Y의 원소가 하나씩만 대응될 때 이 대응을 X에서 Y로의 함수라고 한다.

그리고 이것을 $f : X \rightarrow Y$로 나타낸다.

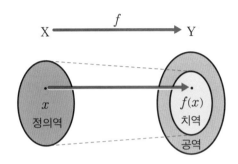

이렇게 원인이 되는 집합 X를 정의역이라 하고, 이에 대응하는 결과인 집합 Y를 공역이라 한다. 그리고 집합 Y의 원소 중 집합 X와 대응된 Y의 원소들로 이루어진 집합을 치역이라 한다. 예를 들어 자판기에서 물건을 뽑을 때 돈을 넣고 버튼을 누르면 그 버튼에 해당하는 물건이 하나 나온다. 기계 안에는 여러 종류의 물건이 들어있지만 버튼에 따라 정해진 물건이 하나씩만 나오므로 함수라고 할 수 있다. 이 때 버튼은 정의역이 되고 기계 속에 들어있는 여러 종류의 물건들은 공역이 되고 선택되어 나온 물건은 치역이 된다.

다시 살펴보자면 함수 f에 의해 정의역 X의 원소 x에 공역 Y

의 원소 y가 대응할 때, 이것을 기호로 $y=f(x)$로 나타내고 이 $f(x)$를 x의 함숫값이라 한다.

이 함숫값 전체의 집합 $\{f(x)|\, x \in X\}$을 치역이라고 한다. 그래서 치역은 공역의 부분집합이다. 그리고 (치역) $\subseteq$ (공역)으로 표현된다. 예제를 풀어보자.

두 집합 $X = \{1, 2, 3, 4\}$, $Y = \{5, 10, 15, 20, 25\}$일 때, X에서 Y로의 함수 $f(x)=x \times 5$의 정의역과 공역, 치역을 구하여라.

정의역은 집합 X이므로 $\{1, 2, 3, 4\}$이고 공역은 집합 Y이므로 $\{5, 10, 15, 20, 25\}$이다. 그리고,

$$f(1)=1 \times 5=5$$
$$f(2)=2 \times 5=10$$
$$f(3)=3 \times 5=15$$
$$f(4)=4 \times 5=20$$

이므로 f의 치역은 $\{5, 10, 15, 20\}$이다.

문제**1** 다음 식을 보고 y가 x의 함수인지 알아보아라.

(1) $y = 3x$

x	1	2	3	4	⋯
y	3	6	9	12	⋯

풀이 x의 값에 따른 y의 값이 하나씩 정해지므로 함수이다.

(2) $y = \dfrac{1}{x}$

x	1	2	3	4	⋯
y	1	$\dfrac{1}{2}$	$\dfrac{1}{3}$	$\dfrac{1}{4}$	⋯

풀이 x의 값에 따른 y의 값이 하나씩 정해지므로 함수이다.

(3) $y = $ (자연수 x의 약수)

x	1	2	3	4	⋯
y	1	1, 2	1, 3	1, 2, 4	⋯

풀이 x의 값에 따른 y의 값이 한 개 또는 여러 개이므로 함수
가 아니다.

문제**2** 두 집합 X = { 3, 4, 5 }, Y = { 15, 16, 17 } 에 대하여 X에서 Y
로의 대응을 다음과 같이 정의할 때, 대응 관계를 그림으로 나
타내고 함수인지 알아보아라.

(1) $x \longrightarrow (x$의 배수$)$　　　　　(2) $x \longrightarrow x+12$

풀이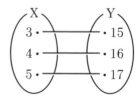

이므로 둘 다 함수이다.

문제**3** 두 집합 X = { 1, 3, 5, 7 }, Y = { 3, 5, 7, 9, 11, 13, 15, 17 }
일 때, X에서 Y로의 함수 $f(x)=2x+1$의 치역을 구하여라.

풀이 정의역은 { 1, 3, 5, 7 }, 공역은 { 3, 5, 7, 9, 11, 13, 15, 17 } 이고,

$f(1)=2\times1+1=3, \quad f(3)=2\times3+1=7,$

$f(5)=2\times5+1=11, \quad f(7)=2\times7+1=15$

답 치역 { 3, 7, 11, 15 }

함수의 그래프

함수는 표나 그림, 또는 그래프를 이용해 살펴보면 좀 더 쉽게 알아볼 수 있다. 앞에서는 표와 그림을 이용해 알아보았고 지금부터는 함수의 그래프를 이용해 알아보도록 하자.

데카르트

함수의 그래프를 그리려면 데카르트가 생각해낸 좌표평면을 알아야 한다. 데카르트는 천장에 붙은 파리를 보면서 이리저리 움직이는 파리의 위치를 어떻게 정확하게 표현할까를 고민하다 좌표를 발명했다고 한다.

좌표는 한 점이 있는 위치를 수로 나타낸 것이다.

x축과 y축이 서로 수직으로 교차하면서 만들어진 평면이 좌표평면이다.

점 P를 좌표평면에 그려보자.

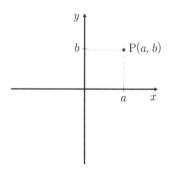

점 P가 있는 위치의 x좌표가 a, y좌표가 b이다. 이때 점 P는 기호로 $P(a, b)$로 나타낸다. 점의 좌표를 나타낼 때는 (x좌표, y좌표) 순서로 순서쌍으로 나타낸다.

좌표평면은 x축과 y축 두 좌표축에 의하여 네 부분으로 나누어지는데 각 부분을 사분면이라 한다. 그리고 반시계 방향으로 이름을 붙인다.

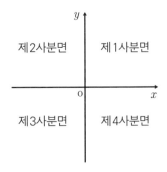

하지만 좌표축 위의 점은 어느 사분면에도 속하지 않는다.

점 P는 각 사분면에 x, y 두 좌표축과 원점에 대하여 대칭인 점이 있다.

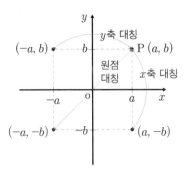

자, 이제 함수 그래프를 그려보자. 함수 $y = 2x$를 표로 나타내면 다음과 같다.

x	1	2	3	4	⋯
y	2	4	6	8	⋯

이때 x값에 대한 함숫값 y를 순서쌍 (x, y)로 나타내면 $(1, 2)$, $(2, 4)$, $(3, 6)$, $(4, 8)$, ⋯로 나타낼 수 있다. 이 순서쌍을 좌표평면에 나타내면, 아래와 같다.

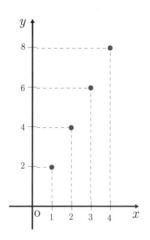

위 그림처럼 $y=f(x)$에 대하여 x의 값에 대한 함숫값 y의 순서쌍 (x, y)를 좌표로 하는 모든 점을 좌표평면 위에 나타낸 것을 함수의 그래프라고 한다. 이때 일반적으로 함수의 정의역인 x의 범위를 수 전체로 생각한다. 그래서 함수 $y=2x$를 그래프로 그리면 다음과 같다.

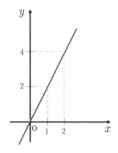

그래프를 그릴 때는 x값에 대한 함숫값 y의 순서쌍 (x, y)를 좌표평면에 몇 개 찍은 후 점과 점을 잇는다.

문제**1** 다음 함수의 그래프를 그려라.

(1) $y=x$ (x의 범위는 수 전체)

답

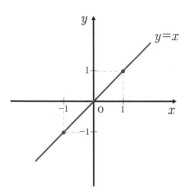

(2) $y=-\dfrac{1}{x}$ (x의 범위는 0을 제외한 수 전체)

답

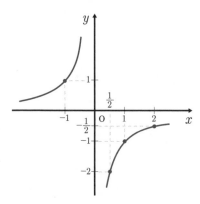

여러 가지 함수

정의역 X의 각 원소에 대하여 공역 Y의 원소가 하나씩 대응하면 함수라 했다. 이 조건만 만족하면 함수가 되기 때문에 여러 가지 종류의 함수가 존재하게 된다. 예를 들어 미팅을 나갔는데 여자 3명과 남자 4명이 나왔다. 여자가 선택을 하면 남자 한 명이 남게 된다. 그래서 여자 1명을 더 불러서 4대 4가 되었다. 여자가 선택을 했더니 공교롭게 두 명의 여자가 한 명의 남자를 선택했다. 이 두 경우를 그림으로 나타내면 다음과 같다.

그림 1과 그림 2를 비교해보자.

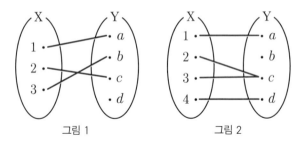

그림 1   그림 2

그림 1과 그림 2는 둘 다 함수이다. 차이점이 있다면 그림 1은 정의역 X의 서로 다른 원소가 공역 Y의 서로 다른 원소와 하나씩 대응되었고 그림 2는 정의역 X의 서로 다른 두 원소가 공역 Y의 같은 원소에 대응되었다는 것이다.

이때, 그림 1처럼 정의역 X의 서로 다른 원소가 공역 Y의 서로 다른 원소와 하나씩 대응되는 함수를 일대일 함수라 한다.

함수 $f : X \to Y$일 때 정의역 X의 임의의 두 원소 x_1, x_2에 대하여 $x_1 \neq x_2 \to f(x_1) \neq f(x_2)$가 되는 함수가 일대일 함수인 것이다.

이런 일대일 함수 중에서 다음 그림처럼 (치역)=(공역)인 함수를 일대일대응이라 한다.

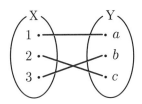

예를 들면 영화관에서 좌석 하나당 사람이 1명씩 앉는 과정을 일대일대응이라 할 수 있다.

또한 일대일대응 중에는 다음과 같이 X와 Y가 같은 경우가 있다.

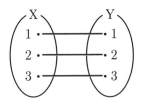

이렇게 $X = Y$이고 정의역 X의 각 원소가 자기 자신으로 대응될 때, 즉 함수 $f : X \to Y$, $f(x) = x$일 때, 이런 함수 f를 집합 X에

서의 항등함수라 한다. 그리고 I로 표기한다.

이 외에도 함수 중에는 다음과 같이 정의역 X의 모든 원소가 공역 Y의 단 하나의 원소와 대응되는 경우도 있다.

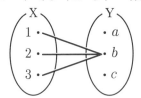

함수 $f: X \rightarrow Y$, $f(x)=c$(단 c는 상수)일 때, 이런 함수 f를 집합 X에서의 상수함수라 한다.

합성함수와 역함수

함수의 대응관계를 바꾸어서 새로운 함수를 만들 수도 있다.

예를 들어 다음 두 함수 $f(x)$, $g(x)$를 보자.

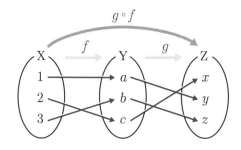

두 함수 $f(x)$, $g(x)$ 사이에 X의 각 원소 x에 z의 원소를 각각 대응시키는 새로운 대응관계 A를 만들 수 있다. 이 새로운 함수를

f와 g의 합성함수라 하고 기호로 $g \circ f$로 나타낸다. $\circ$은 도트로 읽는다. 그렇다면 이 $g \circ f$의 x에서의 함숫값은 어떻게 구할까?

$(g \circ f)(x)$는 $g(x)$의 x 대신 $f(x)$를 대입하여 구한다.

즉 $(g \circ f)(x) = g(f(x))$인 것이다. 이제 예제를 풀어보자.

그림의 두 함수 f, g에 대하여 $(g \circ f)(1)$, $(g \circ f)(2)$, $(g \circ f)(3)$의 값을 각각 구하여라.

$$(g \circ f)(1) = g(f(1)) = g(a) = y$$
$$(g \circ f)(2) = g(f(2)) = g(c) = x$$
$$(g \circ f)(3) = g(f(3)) = g(b) = z$$

앞의 결과를 보면 $f \circ g = g \circ f$인지 생각해볼 수도 있다. 사실 대부분의 연산에서는 교환법칙이 성립한다. 그렇다면 합성함수에서도 교환법칙이 성립하는지 예제를 통하여 알아보자.

두 함수 $f(x) = x + 2$, $g(x) = 2x - 1$로 할 때 $(f \circ g)(x)$와 $(g \circ f)(x)$를 구해보자.

$(f \circ g)(x) = f(g(x)) = f(2x - 1) = (2x - 1) + 2 = 2x + 1$

$(g \circ f)(x) = g(f(x)) = g(x + 2) = 2(x + 2) - 1 = 2x + 3$

두 값은 다르므로 교환법칙은 성립하지 않는다.

$\therefore (f \circ g)(x) \neq (g \circ f)(x)$

이제 합성함수에서의 결합법칙을 살펴보자.

세 함수 $f:\mathrm{X}-\mathrm{Y}$, $g:\mathrm{Y}-\mathrm{Z}$, $h:\mathrm{Z}-\mathrm{A}$일 때,

$(f\circ(g\circ h))(x)$와 $((f\circ g)\circ h)(x)$를 알아보자.

$(f\circ(g\circ h))(x)=(f(g\circ h)(x))$

$(g\circ h)(x)=g(h(x))$이므로

$\qquad =f(g(h(x)))$

$((f\circ g)\circ h)(x)=(f\circ g)(h(x))$

$(f\circ g)(x)=f(g(x))$이므로

$\qquad =f(g(h(x)))$

결과가 같으므로 결합법칙은 성립한다.

함수가 일대일대응일 때 다음과 같은 대응관계를 생각할 수 있다.

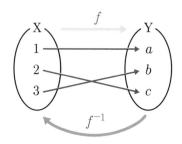

Y의 각 원소 y에 대하여 $y=f(x)$인 X의 원소 x를 대응시키는 함수, 즉 x와 y의 자리를 서로 바꾸어 나타내는 함수를 역함수라 한다. 역함수는 기호로 $f^{-1}(x)$로 나타내며 에프 인버스 엑스로 읽

는다.

예를 들어 함수 $y=2x$의 역함수를 구해보면,

$$y=2x$$

x에 대하여 정리하면,

$$x=\frac{1}{2}\,y$$

x와 y를 서로 바꾸면,

$$y=\frac{1}{2}\,x$$

이 함수가 $y=2x$의 역함수이다.

$y=2x$와 역함수의 그래프를 그려보자.

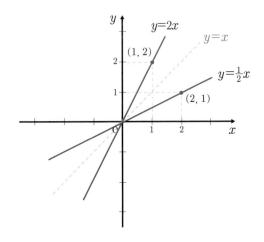

$y=2x$의 그래프에서 점$(1,\,2)$가 역함수 $y=\dfrac{1}{2}\,x$의 그래프에서 점$(2,\,1)$로 바뀌는 것을 볼 수 있다.

함수 $f(x)$와 역함수 $f^{-1}(x)$의 그래프는 $y=x$에 대하여 서로 대칭이다. 여기서 꼭 기억해야 할 것은 역함수는 함수가 일대일대응일 때 존재한다는 점이다. 그래서 역함수를 구하는 순서는 먼저 함수 $y=f(x)$가 일대일대응인지 확인하고 $y=f(x)$를 x에 대하여 정리한다. 그리고 $x=f^{-1}(y)$ 형태로 바꾼 후 x와 y를 서로 바꾸어 $y=f^{-1}(x)$로 나타낸다.

^{문제}**1** 실수 전체의 집합을 정의역으로 하는 다음 두 함수 중 일대일
함수를 고르시오.

(1) $f(x)=x+3$

풀이 $f(1)=1+3=4$

$f(-1)=-1+3=2$

이므로 $x_1 \neq x_2 \rightarrow f(x_1) \neq f(x_2)$이므로 일대일 함수이다.

답 일대일 함수

(2) $f(x)=|x| \times 5$

풀이 $f(1)=|1| \times 5=5$

$f(-1)=|-1| \times 5=5$

이므로 $x_1 \neq x_2 \rightarrow f(x_1) \neq f(x_2)$이 성립이 되지 않는다. 따라
서 일대일 함수가 아니다.

답 일대일 함수가 아니다

^{문제}**2** 두 함수 $f(x)=2x+3$, $g(x)=-x+1$일 때,
$(f \circ g)(1)+(g \circ f)(2)$의 값을 구하여라.

풀이 $(f \circ g)(x)=f(g(x))=2(-x+1)+3=-2x+5$

$x=1$을 대입하면,

$(f \circ g)(1)=-2 \times 1+5=3$ ···①

$$(g \circ f)(x) = g(f(x)) = -(2x+3)+1 = -2x-2$$

$x=2$를 대입하면,

$$(g \circ f)(2) = -2 \times 2 - 2 = -6 \quad \cdots ②$$

①, ②에 의해 $(f \circ g)(1) + (g \circ f)(2) = 3 - 6 = -3$

답 -3

문제 **3** $y = \dfrac{1}{3}x + 3$의 역함수를 구하여라.

풀이 $y = \dfrac{1}{3}x + 3$

x에 대하여 정리하면,

$$\frac{1}{3}x = y - 3$$

양변에 3을 곱하면,

$$x = 3y - 9$$

x와 y를 서로 바꾸면,

$$y = 3x - 9$$

$$\therefore f^{-1}(x) = 3x - 9$$

답 $f^{-1}(x) = 3x - 9$

① 일차함수와 그 그래프

가게에 가서 물건을 살 때나 차에 기름을 넣을 때 같은 일상생활에서 우리는 늘 일차함수를 사용한다. 하지만 너무 익숙해서 일차함수라고 생각하지 않는다. 매달 내는 전기요금, 도시가스 요금 계산이 일차함수라는 걸 아는가? 이동 시 걸리는 시간계산은 어떤가? 생각해본 적이 없을 것이다. 따로 생각하지 않아도 자동적으로 몸에 배어 계산이 되기 때문이다.

과학기술 분야에서도 함수가 활용된다. 다리나 빌딩을 건설할 때 꼭 안전율을 계산해야 하는데 이때 함수를 이용한다. 하중을 견디기 위해 건축자재가 어느 정도 강도를 지녀야 하는지 계산해야만 우리는 안전하게 살 수가 있다. 등산을 할 때도 함수가 필요하다. 대류권에서는 높이 올라갈수록 지표면에서 방출되는 에너지가 줄어들어 기온이 낮아진다. 함수를 이용하면 높이에 따른 기온차를 알 수 있다. 높은 산을 오를 때도 함수를 이용하면 추위에 떨지 않고 미리 준비할 수 있는 것이다.

이처럼 우리 생활 속에 착 달라붙어 있는 일차함수를 떼어서 살펴보자.

함수 $y=f(x)$에서 y가 x에 대한 일차식일 때, 이 함수를 x에 대한 일차함수라고 한다. 식으로 표현하면 $y=ax+b(a \neq 0, a, b$는 상수)의 형태로 나타난다.

그렇다면 일차식, 일차방정식 등은 어떻게 구분할까?

a, b가 상수이고 $a \neq 0$이 아닐 때, $ax+b$는 일차식이고, $ax+b=0$이면 일차방정식이라 한다.

또 $ax+b>0$이면 일차부등식이라 하고, $y=ax+b$를 일차함수라 한다.

예를 들면 $y=x^2-1$의 식은 x^2이 이차식이기 때문에 일차함수가 아니다. $y=\dfrac{3}{x}$은 x가 분모이므로 일차함수가 아니다. $y=2$의 경우에는 상수함수로 일차함수가 아니다. $y=ax(a \neq 0)$는 일차함수이다.

이제 함수 $y=ax(a \neq 0)$의 그래프를 그려보자.

함수 $y=ax(a \neq 0)$는 $a>0$일 때와 $a<0$일 때, 두 가지의 그래프로 나타낼 수 있다.

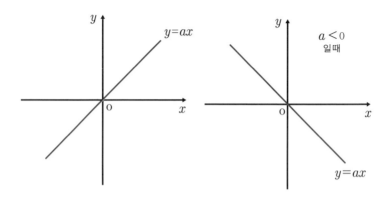

$a > 0$일 때 $a < 0$일 때

오른쪽 위로 향하는 직선의 형태로 그래프가 그려진다. 이 그래프는 원점을 지나고 제1, 3사분면을 지나는 정비례 그래프이다.

오른쪽 아래로 향하는 직선의 형태로 그래프가 그려진다. 이 그래프는 원점을 지나고 제2, 4사분면을 지나는 정비례 그래프이다.

위의 그래프를 보며 정비례와 반비례를 떠올렸을 수 있다. $a < 0$일 때 그래프를 보면서 왜 반비례가 아니고 정비례 그래프라고 써 있지?라고 생각했다면 반비례에 대한 오개념을 가진 것이다. x값이 커질 때 y값이 커지면 정비례, y값이 작아지면 반비례라고 생각했다면 틀렸다.

x값이 1배, 2배, …일 때 y값이 1배, 2배, …이면 정비례이고 x값이 1배, 2배, …일 때 y값이 1배, 1/2배, 1/3배, …이면 반비례이다. 그래서 반비례 그래프는 일차함수가 아니고 $y = \dfrac{a}{x}$인 분수 함수이다.

$y=ax$의 그래프는 a의 절댓값이 커질수록 y축에 가까워지는 특징이 있다.

함수는 그래프를 이용하여 함수의 식을 구할 수 있다.

보통 점($\triangle$, $\square$)가 $y=ax\,(a\neq0)$의 그래프 위의 점이라고 하면 함수의 식에 $x=\triangle$, $y=\square$를 대입하면 등식이 성립한다. 또한 그래프와 그래프 위의 한 점을 주면 그것을 이용해 그 함수의 식을 구할 수 있게 된다.

예를 들어 그래프가 원점을 지나는 직선이고 점 $(2, 6)$을 지난다고 하면 원점을 지나는 직선은 $y=ax\,(a\neq0)$의 꼴이므로,

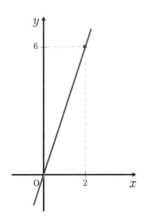

$y=ax$에 $x=2$, $y=6$을 대입하면, $6=2a$, $a=3$이므로,

$\therefore y=3x$

이렇게 그래프와 한 점만으로 함수식을 구한다.

계속해서 일차함수 $y=2x$와 $y=-2x$의 그래프를 통해서 일차함수 그래프의 성질을 알아보자.

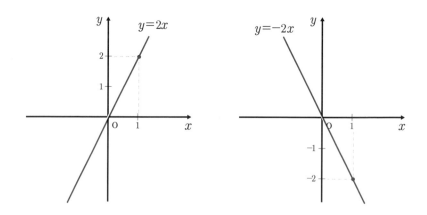

앞의 그림에서 보면 일차함수 $y=2x$와 $y=-2x$의 그래프가 원점 $(0,0)$을 지난다.

또 $y=2x$의 그래프는 오른쪽 위를 향하는 직선이다.

$y=-2x$의 그래프는 오른쪽 아래를 향하는 직선이다.

그리고 $y=2x$의 그래프와 $y=-2x$의 그래프는 서로 y축에 대하여 대칭한다.

이를 통해 일차함수 $y=ax\,(a\neq0)$의 그래프의 성질을 정리해 보면,

① 원점$(0,0)$을 지난다.

② $a>0$일 때 오른쪽 위를 향하는 직선으로 x값이 증가하면 y값도 증가한다.

　　$a<0$일 때 오른쪽 아래를 향하는 직선으로 x값이 증가하면

y 값은 감소한다.

③ a의 절댓값이 클수록 그래프는 y축에 가까워진다.

그렇다면 일차함수 $y = ax + b(a \neq 0)$의 그래프는 어떻게 될까?

다음 그림은 일차함수 $y = ax + b(a > 0)$의 그래프이다.

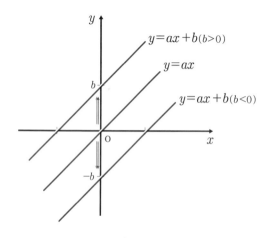

그림에서 보듯이 일차함수 $y = ax + b(a \neq 0)$의 그래프는 일차함수 $y = ax$의 그래프를 y축의 방향으로 b만큼 평행이동한 직선으로 나타난다.

따라서 그래프가 지나는 두 점의 좌표를 이용하여 일차함수 $y = ax + b(a \neq 0)$의 그래프를 그릴 수 있다.

함수 그래프의 활용

앞에서 설명한 이러한 내용을 응용하여 두 함수 그래프가 서로 만나는 점의 좌표를 이용하여 미지수를 구하는 문제를 풀 수가 있다. 다음 예제를 풀어보자.

두 함수 $y=2x$, $y=-x+a$ 의 그래프가 있다. 제3사분면 위의 x 좌표가 -2인 점 P에서 두 그래프가 만난다고 할 때, 상수 a의 값을 구하여라.

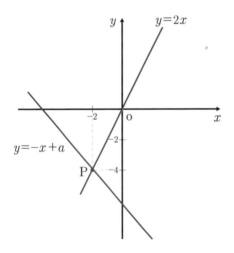

이와 같은 문제는 P 좌표를 먼저 구한다.

$y=2x$에 $x=-2$를 대입하면 $y=-4$

$\therefore$ P$(-2, -4)$

$y=-x+a$ 에 점 P를 대입하면 $-4=-(-2)+a$

$\therefore a=-6$

문제1 다음 중 y가 x의 일차함수인 것을 모두 고르시오.

① 무게가 100N인 물체의 높이 xm에서의 위치에너지 yJ

② 10을 x로 나누었을 때의 값 y

③ 가로의 길이가 $x$cm, 세로의 길이가 $y$cm인 직사각형의 둘레의 길이

④ 올해 12세인 준규의 x년 후의 나이 y세

⑤ 가로의 길이가 세로의 길이 $x$cm보다 2cm가 짧은 직사각형의 넓이 y

풀이 ① 위치에너지 $y=$무게×높이$=100x$이므로 일차함수이다.

② $y=\dfrac{10}{x}$은 분모가 x이므로 몇 차 함수인지 따질 필요가 없다. 따라서 일차함수가 아니다.

③ $2x+2y$이므로 일차함수가 아니다. 이것은 x, y로 이루어진 문자식이다. 이를 일차함수로 만들려면 둘레의 길이를 y로 놓고 가로 또는 세로의 길이 중 하나가 x로 주어져야 한다.

④ $y=12+x$이므로 일차함수이다.

⑤ $y=x×(x-2)$ 식을 풀면 $y=x^2-2x$이므로 이차함수이다.

답 ①, ④

문제 **2** 일차함수 $y=ax+1$의 그래프가 점 $(1, -4)$를 지날 때, 상수

a의 값을 구하여라.

풀이 점 $(1, -4)$를 $y=ax+1$에 대입하면,

$-4=a \cdot 1+1$

$\therefore a=-5$

답 $a=-5$

문제 **3** 그래프가 지나는 두 점의 좌표를 이용하여 다음 일차함수의

그래프를 그리시오.

(1) $y=x-3$

풀이 $x=0$이면 $y=-3 \ (0, -3)$ $y=0$이면 $x=3 \ (3, 0)$

(2) $y=-\dfrac{1}{2}x+1$

풀이 $x=0$이면 $y=1 \ (0, 1)$

$y=0$이면 $x=2 \ (2, 0)$

답

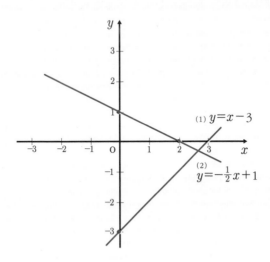

(1) $y=x-3$

(2) $y=-\frac{1}{2}x+1$

문제**4** 우주에는 각 행성이나 위성의 중력 차이에 의해서 몸무게가 달라진다. 지구에서 몸무게가 60kgf인 사람이 달에서는 10kgf라고 한다. 그렇다면 달에서 70kgf인 물체는 지구에서는 몇 kgf인지 구하여라.

풀이 달에서 무게가 $x$kgf인 물건이 지구에서는 $y$kgf라고 하면, x, y는 정비례하므로,

$y=ax$에 $x=10$, $y=60$을 대입하면 $a=6$이 된다.

∴ $y=6x$, 여기에 $x=70$을 대입하면 $y=6\times70=420\,(\mathrm{kgf})$

답 $420\,(\mathrm{kgf})$

문제 **5** 무게가 80N인 물체가 10m 높이에서 떨어지고 있다. 이 물체

가 5m 높이를 지날 때 갖는 운동에너지를 구하여라

풀이 5m에서의 운동에너지＝10m에서의 위치에너지－5m에서의

위치에너지

위치에너지＝9.8×질량×높이＝무게×높이

$f(x)=80x$

$f(10)-f(5)=800-400=400$

답 400 J

그래프의 기울기와 x절편, y절편

앞 문제 3에서는 두 점의 좌표를 구할 때 $x=0$일 때와 $y=0$일 때의 점을 구해보았다.

$x=0$일 때의 y값은 일차함수의 그래프가 y축과 만나는 점의 y좌표이다. 따라서 $y=ax+b$의 식에서 $x=0$, $y=b$를 대입했을 때이 y값을 y절편이라 한다.

이와 반대로 $y=0$일 때의 x값은 일차함수의 그래프가 x축과 만나는 점의 x좌표이다. 이 x값을 x절편이라 한다.

$y=ax+b$에 $y=0$을 대입하면 $x=-\dfrac{b}{a}$

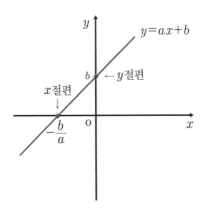

그래프를 그려보면 x값의 변화에 따른 y값의 변화를 수로 나타낼 수 있다. 이때 일차함수 $y=ax+b\,(a \neq 0)$에서 x의 계수 a를 기울기라 한다.

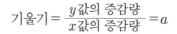

$$기울기 = \frac{y\text{값의 증감량}}{x\text{값의 증감량}} = a$$

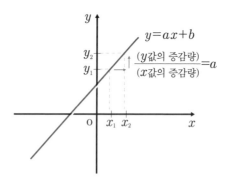

기울기와 y절편을 이용하면 일차함수의 그래프를 쉽게 그릴 수 있다.

먼저 y절편을 이용해 y축과 만나는 점을 좌표평면에 나타낸다. 그리고 기울기를 이용하여 다른 한 점을 나타내고 그 두 점을 직선으로 잇는다. 이를 직접 확인해보자.

일차함수 $y = x - 2$의 그래프를 기울기와 y절편을 이용하여 그려보자.

y절편은 -2이고 기울기는 1이므로, 점 $(0, -2)$을 표시하고, 그 점에서 x의 값이 1만큼 증가할 때, y의 값이 1만큼 증가하는 점을 표시한다. 그리고 두 점을 직선으로 잇는다.

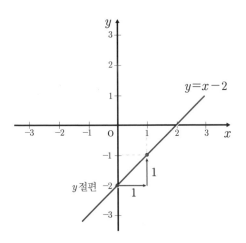

물론 x절편과 y절편을 구해서 두 점을 잇는 방법으로도 일차함수의 그래프를 그릴 수 있다.

이때 만약 두 일차함수의 기울기가 같다면 그 그래프는 어떻게 될까?

두 일차함수 $y=ax+b$, $y=cx+d$가 있다. $a=c$일 때 $b=d$이면 두 그래프는 서로 일치한다.

기울기와 y절편이 같기 때문이다.

$y = ax + b$와 $y = cx + d$의 관계 ($a = c$일 때)

$b = d$이면

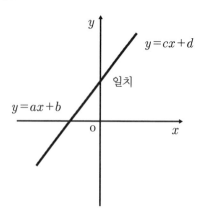

$b \neq d$이면 두 그래프는 서로 평행한다.

기울기는 같은데 y절편만 다르기 때문이다.

$y = ax + b$와 $y = cx + d$의 관계 ($a = c$일 때)

$b \neq d$이면

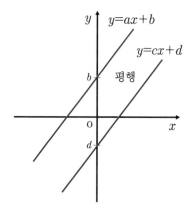

그렇다면 두 일차함수의 그래프의 기울기가 서로 다르다면 어떻게 될까? 그때는 한 점에서 만나게 된다.

문제**1** 일차함수 $y=\dfrac{3}{4}x-6$의 그래프에서 x절편을 a, y절편을 b
라 할 때, $a+b$의 값은 얼마인가?

[풀이] x절편은 $y=0$이므로 일차함수 $y=\dfrac{3}{4}x-6$에 대입하면,

$0=\dfrac{3}{4}x-6$, $\dfrac{3}{4}x=6$이므로 $x=8$

따라서 x절편 $a=8$이다.

y절편은 $x=0$이므로 일차함수 $y=\dfrac{3}{4}x-6$에 대입하면,

$y=\dfrac{3}{4}\times0-6$, $y=-6$

따라서 y절편 $b=-6$이다.

$a+b=8+(-6)=2$

[답] 2

문제**2** 일차함수 $y=ax+2$ 그래프의 x절편이 -6일 때, 기울기 a를
구하여라.

[풀이] x절편은 $y=0$이므로 일차함수 $y=ax+2$에 대입하면,

$0=a\times(-6)+2$, $6a=2$

$\therefore a=\dfrac{1}{3}$

[답] $a=\dfrac{1}{3}$

문제 **3** 일차함수 $y=-\dfrac{1}{4}x+2$의 그래프가 x축과 만나는 점을 A, y축과 만나는 점을 B, 원점을 O라 할 때, 삼각형 AOB의 넓이를 구하여라.

[풀이] x절편을 구하면 $0=-\dfrac{1}{4}x+2$, $x=8$

y절편을 구하면 $y=2$이므로

삼각형 AOB의 넓이는 $\dfrac{1}{2}\times2\times8=8$

[답] 8

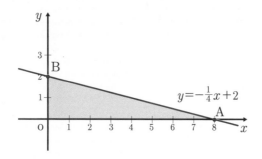

문제 **4** 일차함수 $y=ax+1$의 그래프는 일차함수 $y=3x+2$의 그래프와 평행하고, 점 $(1, b)$를 지난다. 이때 $2a+b$의 값을 구하여라. (단 a는 상수)

[풀이] 일차함수 $y=3x+2$와 평행하므로 기울기 a는 3, $y=3x+1$이다. 점 $(1, b)$를 지나므로 이 점을 일차함수 $y=3x+1$에 대입하면,

$b=3 \times 1+1$이므로 $b=4$

따라서 $2a+b=2 \times 3+4=10$이다.

답 10

② 일차함수의 활용

직선의 방정식

앞에서 일차함수와 일차방정식을 구분할 때 두 식의 모습이 비슷했던 것을 기억할 것이다. 이제 좀더 나아가 일차방정식 $x+y=3$ 의 해를 구하면서 일차방정식과 일차함수 사이의 관계를 알아보자.

$x=1$일 때 $y=2$

$x=2$일 때 $y=1$

$x=3$일 때 $y=0$이다.

이것을 좌표평면 위에 나타내면 그림 1처럼 점으로 나타낼 수 있다. 여기서 x, y의 값을 수 전체로 보면 그림 2처럼 그래프가 직선이 된다.

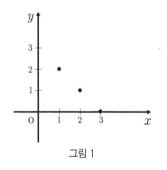

그림 1

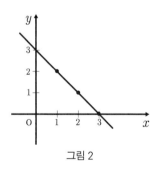

그림 2

이 일차방정식 $ax+by+c=0\,(a\neq0$ 또는 $b\neq0)$을 직선의 방정식이라 한다. 아주 낯익은 모양의 그래프이다.

그리고 y에 관한 식으로 정리하면,

$$by = -ax - c$$

양변을 b로 나누면,

$$y = -\frac{a}{b}x - \frac{c}{b} \ (a \neq 0 또는 b \neq 0)가 된다.$$

바로 일차함수의 그래프와 같은 직선이다.

이를 이용하여 그래프가 주어질 때 직선의 방정식을 구할 수 있다.

식을 $y = ax + b \ (a \neq 0)$로 놓고 그래프의 조건에 따라 앞에서 일차함수의 그래프를 그릴 때 사용한 방법인,

① 기울기와 한 점의 좌표를 알 때

② 기울기와 y절편을 알 때

③ x절편과 y절편을 알 때

④ 두 점의 좌표를 알 때

이 네 가지 중에서 골라 직선의 방정식을 구한다.

직선의 방정식은 x축이나 y축에 평행한 경우도 있다.

y축에 평행하면 $x = k$, x축에 평행하면 $y = l \ (k, l$은 상수)로 나타낸다. 이 $y = l$을 상수함수라 한다.

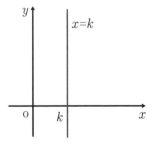
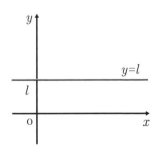

일차함수와 연립방정식의 해

일차함수의 그래프를 이용해서 연립방정식도 풀 수 있을까?

연립방정식을 풀 때 두 식을 가감하거나 대입하는 방법도 있지만 두 일차방정식을 그래프로 나타내어 연립방정식의 해를 구하기도 한다. 두 일차방정식의 그래프가 만나는 교점의 좌표가 바로 연립방정식의 해이다. 다음 예제를 풀어보자.

연립방정식 $\begin{cases} x - y = 5 & \cdots ① \\ 2x + y = 1 & \cdots ② \end{cases}$ 의 해를 구하여라.

이 문제는 대입법을 이용하면 쉽게 풀 수 있다.

①의 식을 $y = x - 5$로 모양을 바꾼 후 ②의 y에 대입한다.

$$2x + (x - 5) = 1$$

$$2x + x - 5 = 1$$

$$3x = 6 이므로 \ x = 2$$

이 x값을 ①의 식에 대입하면,

$$y = 2 - 5 = -3$$

일차함수의 그래프를 이용하면 ①의 식 $y = x - 5$의 그래프와 ②의 식 $y = -2x + 1$의 그래프를 좌표평면에 그리고 두 그래프의 교점의 좌표를 구하면 된다.

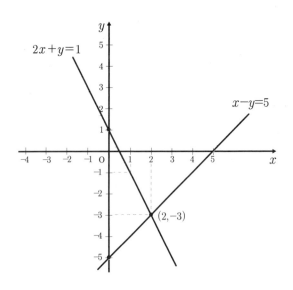

두 직선의 위치 관계만 봐도 연립방정식 해의 개수를 구할 수가 있다.

① 두 직선이 한 점에서 만날 경우 연립방정식 해의 개수는 한 쌍
  이다.
② 두 직선이 평행할 경우 연립방정식의 해는 없다.
③ 두 직선이 일치할 경우 연립방정식 해는 무수히 많다.

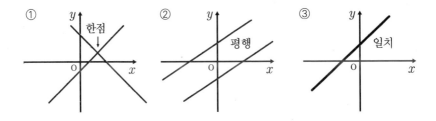

이제 예제를 통해 확인해보자

콩쥐는 커다란 물항아리에 물을 가득 담아야만 원님의 잔치에 갈 수 있다. 잔치는 오후 6시부터 시작이며 현재 시간은 4시이다. 물항 아리에는 물이 500L가 들어가며 2분에 10L씩 물을 담을 수 있다 면 콩쥐는 시간 내에 항아리에 물을 채우고 잔치에 갈 수 있을까?

일차함수를 이용하여 이 문제를 풀어보자.

걸리는 시간을 x, 물항아리에 담기는 물의 양을 y로 놓는다.

그리고 x와 y 사이의 관계식을 세운다.

2분에 10L씩이므로 1분에 5L씩 담을 수 있다. 이에 따라 식은 다 음과 같다.

$$y = 5x$$

y에 500을 대입하면,

$$500 = 5x$$

$$x = 100$$

그러므로 100분 즉 1시간 40분이면 콩쥐는 물항아리에 물을 가득 채울 수 있기 때문에 잔치에 참석해 사또를 만날 수 있다.

여기서 ✅ **Check Point**

일차함수의 활용 방법

① 구하고자 하는 것을 변수 x, y로 정하기

② x와 y 사이의 관계식을 세우고 x 값의 범위를 정한다.

③ 표나 그래프 등을 이용해 조건에 맞는 답을 구한다.

④ 구한 답이 맞는지 확인한다.

문제**1** 일차방정식 $ax+by-10=0$의 그래프와

일차함수 $y=\left(-\dfrac{3}{5}\right)x+2$의 그래프가 같은 직선일 때,

$a+b$의 값을 구하여라. (단 a,b는 상수)

풀이 일차함수 $y=\left(-\dfrac{3}{5}\right)x+2$를 일차방정식 $ax+by-10=0$ 형

태로 바꾸려면 먼저 양변에 5를 곱한다.

$5y=-3x+10$

모든 항을 좌변으로 이항하면,

$3x+5y-10=0$

따라서 $a=3,\ b=5$

$\therefore\ a+b=3+5=8$

답 8

문제**2** 두 점 $(a+1,\ -2)$, $(2a-3,\ 4)$를 지나는 직선이 x축에 수직

일 때 a의 값을 구하여라.

풀이 x축에 수직인 직선이면 y값은 달라도 x값은 같아야 한다.

따라서 $a+1=2a-3$ $\therefore\ a=4$

답 $a=4$

문제**3** 세 직선 $x-y+2=0$, $2x-y+4=0$, $ax-y-2=0$이 한 점에

서 만난다. 이때 a의 값을 구하여라.

풀이 먼저 두 직선 $x-y+2=0$, $2x-y+4=0$의 교점을 구한다.

$x-y+2=0$

y에 관하여 정리하면,

$y=x+2$ …①

$2x-y+4=0$

①의 식을 y에 대입하면,

$2x-(x+2)+4=0$

$2x-x-2+4=0$

$x=-2$

$x=-2$를 ①의 식에 대입하면 $y=0$

$ax-y-2=0$에 $x=-2$, $y=0$을 대입하면,

$a\times(-2)-0-2=0$, $-2a-2=0$

$\therefore a=-1$

답 $a=-1$

문제4 압력이 일정할 때 기체의 부피는 기체의 종류와 관계없이 온도가 1℃ 올라갈 때마다 처음 부피의 $\dfrac{1}{273}$씩 증가한다. 그렇다면 처음 부피가 100ml일 때 나중 부피가 처음 부피의 2배가 되는 순간의 온도는 몇 ℃인가?

풀이 온도 변화를 x로 하고 부피의 변화를 y로 하면, 식은 다음과 같다.

$$y = 100 + 100 \times \frac{x}{273}$$

나중 부피가 처음 부피의 2배라고
하였으므로 $y=200$을 대입하면,

$$200 = 100 + 100 \times \frac{x}{273}$$

$$x = 273$$

답 $273(℃)$

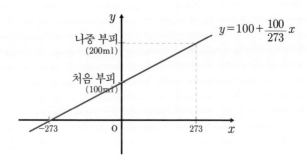

① 이차함수와 그래프

y가 x에 대한 일차식이면 일차함수임을 우리는 이미 알고 있다. 그렇다면 y가 x에 대한 이차식이면 이차함수, y가 x에 대한 삼차식이면 삼차함수, y가 x에 대한 다항식이면 다항함수임을 눈치챘을 것이다.

갈릴레이의 피사의 사탑 실험에 대해 들어본 적이 있는가? 낙하하는 물체의 시간과 거리 사이의 관계를 알아보기 위해 갈릴레이는 피사의 사탑에서 물체를 떨어뜨리는 사고실험을 했다. 그리고 경사면을 구르는 공의 운동을 실험했다. 이 때 갈릴레이가 알아낸 것은 물체의 시간 x와 거리 y사이에 $y = ax^2 (a \neq 0)$의 관계였다. 바로 이

갈릴레이

차함수이다. 이 실험은 후에 아폴로 15호의 승무원들이 달에 직접 가서 갈릴레이가 맞았음을 확인했다.

갈릴레이가 물체의 운동을 연구하면서 물체가 운동할 때 시간과 거리 관계를 나타내기 위하여 사용했던 이차함수를 알아보자.

이차함수를 일반적인 식으로 표현해보면 $y=ax^2+bx+c$ $(a\neq0,$ $a,\ b,\ c$는 상수)가 된다.

예를 들어 $y=x^2$은 이차함수이다.

그렇다면 $y=(x-1)^2-x^2+5x$ 또한 이차함수일까? x^2이 있으니 이차함수 같다. 하지만 추측으로 단정지을 순 없다. 직접 풀어 확인해보자.

$$y=(x-1)^2-x^2+5x$$

식을 전개하면,

$$y=x^2-2x+1-x^2+5x$$
$$y=3x+1$$

식을 전개하는 과정에서 x^2이 없어졌다. 따라서 이 식은 이차함수가 아니라 일차함수이다.

그렇다면 $y=\dfrac{x^2}{5}$과 $y=\dfrac{3}{x^2}$은 이차함수일까?

$y=\dfrac{x^2}{5}$은 이차함수이나 $y=\dfrac{3}{x^2}$은 이차함수가 아니다. 분모에 x가 있으면 함수의 차수를 따질 필요가 없기 때문이다.

이제 이차함수의 그래프를 살펴보자.

일차함수는 그래프가 직선 모양이었다면 이차함수의 그래프는 어떤 모양일까?

이차함수 $y = x^2$을 이용하여 그래프를 그려보자.

그래프를 그릴 때는 표를 이용하여 x와 y값의 순서쌍을 좌표평면에 점으로 표시한다.

x	$\cdots$	-2	-1	0	1	2	$\cdots$
y	$\cdots$	4	1	0	1	4	$\cdots$

x값 범위가 실수 전체이면 그 점들은 부드럽게 연결된다. 그에 대한 그래프는 다음과 같이 매끄러운 곡선이 된다.

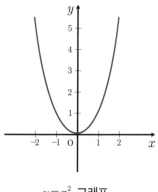

$y = x^2$ 그래프

이차함수의 그래프는 이처럼 포물선의 형태를 가진다.

포물선이라고 하면 농구가 떠오른다. 선수가 던진 공이 포물선을 그리며 골대를 통과하는 모습을 많이 보았을 것이다. 한강 다리의 아치형 부분도 포물선이다. 더운 여름에 마당에 물을 뿌리면 물이 기화하면서 열을 빼앗아가서 시원해진다. 이때 호스에서 나온 물줄기도 포물선 모양이다. 미사일을 발사하면 미사일의 이동 경로는 포물선을 그린다. 이차함수 그래프로 이 미사일이 어디로 얼마나 이동할지를 미리 예측해서 방어를 할 수 있다. 생각해보면 이차함수도 우리 생활에 꽤 깊숙이 들어와 있다.

이차함수 그래프 성질을 좀 더 확실하게 이해할 수 있도록 $y=2x^2$과 $y=\frac{1}{2}x^2$의 그래프를 그려서 이차함수 $y=x^2$의 그래프와 비교해보자.

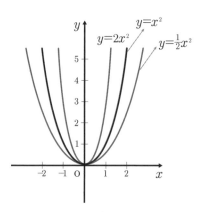

$y=2x^2$과 $y=\frac{1}{2}x^2$의 **그래프 비교**

이차함수 $y=2x^2$의 그래프는 이차함수 $y=x^2$의 그래프보다 폭이 좁고 $y = \frac{1}{2}x^2$의 그래프는 이차함수 $y = x^2$의 그래프보다 폭이 넓다. 따라서 위 세 그래프를 통해 a의 값이 클수록 그래프의 폭이 좁아지는 것을 알 수 있다.

이번에는 이차함수 $y = -x^2$의 그래프를 그려서 이차함수 $y = x^2$의 그래프와 비교해보자.

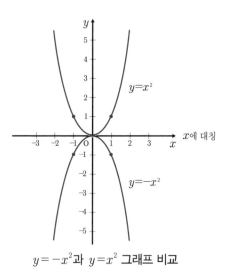

$y = -x^2$과 $y = x^2$ **그래프 비교**

이차함수 $y = -x^2$의 그래프가 이차함수 $y = x^2$의 그래프와 x축을 기준으로 서로 대칭인 것을 알 수 있다.

위의 그래프를 통해 이차함수 $y = ax^2 (a \neq 0)$ 그래프의 성질을 알 수 있다. 다음은 이차함수의 일반적인 성질을 나타낸 것이다.

① y축을 대칭축으로 하는 포물선이다.

② 꼭짓점의 좌표가 $(0, 0)$인 원점이다.

③ a의 부호에 따라 그래프의 모양이 달라진다.

  $a > 0$이면 그래프의 모양이 아래로 볼록하다. 즉 y값의 범위가 $y \geq 0$이다.

  $a < 0$이면 그래프의 모양이 위로 볼록하다. 즉 y값의 범위가 $y \leq 0$이다.

④ $y = ax^2$과 $y = -ax^2$의 그래프는 x축을 기준으로 서로 대칭이다.

⑤ a의 절댓값이 클수록 그래프의 폭은 좁아지고 a의 절댓값이 작아질수록 그래프의 폭은 넓어진다.

이러한 성질을 이용하여 이차함수 $y = ax^2$ 그래프를 그릴 수 있다.

이제 이차함수 $y = ax^2 + bx + c\,(a \neq 0,\ a,\ b,\ c$는 상수)의 그래프를 그려보자.

먼저 이차함수 $y = ax^2 + bx + c$의 형태를 $y = a(x-p)^2 + q$의 형태로 바꾼다. 즉 $y = ax^2 + bx + c$을 완전제곱식 형태로 바꾸면 $y = a\left(x + \dfrac{b}{2a}\right)^2 - \dfrac{b^2 - 4ac}{4a}$ 로 나타낼 수 있다. 이때 그래프의 축은 $x = -\dfrac{b}{2a}$ 이다.

이 식에서 $-\dfrac{b}{2a}$ 를 p로, $-\dfrac{b^2 - 4ac}{4a}$ 를 q로 나타낸 것이 $y = a(x-p)^2 + q$ 형태이다.

예를 들어 이차함수 $y = x^2 - 2x + 3$을 완전제곱식으로 바꾸면,

$$y = (x^2 - 2x + 1 - 1) + 3$$

$$y = (x - 1)^2 + 2$$

와 같이 나타낼 수 있다. x^2이 아닌 $(x-1)^2$이 나왔다. 어떻게 그래프를 그릴 수 있을지 $y = x^2$과 $y = (x-1)^2$의 x값에 따른 y값의 변화를 비교해 알아보자. 표로 나타내면 다음과 같다.

y＼x	…	-2	-1	0	1	2	3	…
x^2	…	4	1	0	1	4	9	…
$(x-1)^2$	…	9	4	1	0	1	4	

여기에는 규칙성이 있다. 표를 보면 $y = (x-1)^2$의 함숫값이 왼쪽으로 한칸씩 이동하면서 $y = x^2$의 함숫값과 같다.

이를 그래프로 그려서 확인해보자.

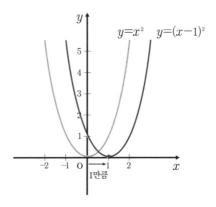

$y = x^2$과 $y = (x-1)^2$의 **그래프 비교**

앞의 그림을 보면 이차함수 $y=(x-1)^2$의 그래프는 이차함수 $y=x^2$의 그래프를 x축의 방향으로 1만큼 평행이동한 것임을 알 수 있다.

이제 $y=x^2$과 $y=x^2+2$의 그래프를 비교해보자.

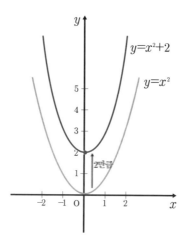

$y=x^2$과 $y=x^2+2$의 **그래프 비교**

그림에서 보듯이 $y=x^2+2$의 그래프는 $y=x^2$의 그래프를 y축 방향으로 2만큼 평행이동한 것임을 알 수 있다.

따라서 이차함수 $y=(x-1)^2+2$의 그래프는 $y=x^2$의 그래프를 x축 방향으로 1, y축 방향으로 2만큼 평행이동시키면 된다.

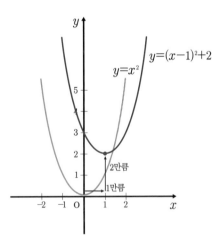

$y=(x-1)^2+2$와 $y=x^2$의 그래프 비교

따라서 이차함수 $y=ax^2+bx+c$의 형태를 $y=a(x-p)^2+q$의 형태로 바꾸어 $y=ax^2$의 그래프를 x축으로 p만큼, y축으로 q만큼 평행이동시키면 이차함수 $y=ax^2+bx+c$의 그래프를 그릴 수 있다.

문제 **1** 다음 식이 y가 x에 대한 이차함수인지 알아보아라.

(1) 한 변의 길이가 $x$cm인 정사각형의 넓이 $y$cm²

풀이 정사각형의 넓이＝(한 변의 길이)²

∴ $y=x^2$이므로 이차함수이다.

답 이차함수

(2) 시속 $x$km로 5시간 동안 달린 거리 $y$km

풀이 거리＝속력×시간이므로 $y=5x$이다. 일차함수이므로 이차함수가 아니다.

답 이차함수가 아니다

(3) 밑면의 반지름의 길이가 x, 높이가 4인 원기둥의 부피 y

풀이 원기둥의 부피 $y=\pi×$반지름²×높이＝$4\pi x^2$이므로 이차함수이다. 여기서 π는 미지수가 아닌 상수이다.

답 이차함수

문제 **2** 질량 10kg인 물체가 초당 4m의 속력으로 떨어지고 있다. 이 물체의 속력이 초당 10m로 바뀌었을 때 운동에너지의 변화를 구하여라.

운동에너지＝$\dfrac{1}{2}×$질량×(속력)²이므로 속력을 x로 놓으면

$f(x)=\dfrac{1}{2}×10×x^2=5x^2$

운동에너지의 변화는 $f(10)-f(4)$이므로

$$f(10)=5\times10\times10=500$$

$$f(4)=5\times4\times4=80$$

$$\therefore\ f(10)-f(4)=500-80$$

$$=420$$

답 420 J 증가

문제 **3** 세 이차함수 $y=-\dfrac{1}{2}x^2$, $y=ax^2$, $y=-4x^2$의 그래프가 다음 그림과 같을 때, 상수 a의 범위를 구하여라.

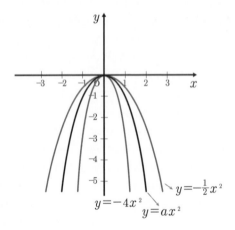

풀이 $y=ax^2$의 그래프가 두 이차함수 $y=-\dfrac{1}{2}x^2$, $y=-4x^2$의 사이에 존재하므로 $-4<a<-\dfrac{1}{2}$ 이다.

답 $-4<a<-\dfrac{1}{2}$

문제 **4** 이차함수 $y=3x^2+2$의 그래프를 x축 방향으로 m만큼, y축 방향으로 n만큼 평행이동하였더니 $y=3(x-1)^2-3$의 그래프와 일치하였다. 이때 $m+n$의 값을 구하여라.

풀이 이차함수 $y=3x^2+2$ 그래프의 꼭짓점은 $(0,\ 2)$, $y=3(x-1)^2-3$ 그래프의 꼭짓점은 $(1,\ -3)$이므로 x축 방향으로 1만큼 평행이동한다. 따라서 $m=1$. y축 방향으로 -5만큼 평행이동하므로 $n=-5$이다.

$m+n=1+(-5)=-4$

답 -4

② 이차함수의 활용

지금까지 이차함수의 개념에 대해 알아보았다면 이제 다양한 활용을 이해해보자.

첫번째 예제로 이차함수 $y=ax^2+bx+c$ 형태를 $y=a(x-p)^2+q$ 형태로 변형시킨 그래프를 다시 살펴보자.

$y=ax^2$의 그래프를 x축 방향으로 p만큼, y축 방향으로 q만큼 평행이동시킨 그래프이다.

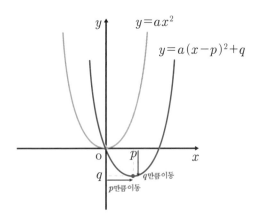

$y=ax^2$과 $y=a(x-p)^2+q$의 **그래프 비교**

꼭짓점의 좌표는 $(0,0)$에서 (p, q)로 바뀌고 $x=p$를 축으로 하는 포물선 모양이 되며 $a>0$이면 그래프는 아래로 볼록하면서 함숫값 $y \geq q$이고, $a<0$이면 그래프는 위로 볼록하면서 함숫값

$y \le q$가 된다. 계속해서 $y = ax^2 + bx + c$의 y절편을 찾는다. $x = 0$을 대입하면 $y = c$이므로 y절편은 c이다. 이를 다시 $y = a(x-p)^2 + q$ 형태로 바꿨을 때 q는 y절편이 아니다. 여기서 y절편은 식을 전개했을 때 상수항이다.

이 내용을 이용해서 꼭짓점의 좌표와 다른 한 점이 주어지면 이차함수의 식을 구하고 그래프의 모양도 알 수 있다.

이차함수 $y = a(x-p)^2 + q$라는 식에 꼭짓점의 좌표를 p, q에 넣고 주어진 다른 한 점을 대입하여 a값을 구하면 이차함수의 식을 구할 수 있다. 다음 문제를 풀어보자.

꼭짓점의 좌표가 $(2, 3)$이고, 점 $(0, -5)$를 지나는 이차함수의 식을 구하여라.

$$y = a(x-p)^2 + q$$

먼저 p와 q에 꼭짓점의 좌표 $(2, 3)$을 대입하면,

$$y = a(x-2)^2 + 3$$

여기에 점 $(0, -5)$를 대입하면,

$$-5 = a(0-2)^2 + 3$$

$$-5 = 4a + 3$$

이항하면,

$$4a = -5 - 3 = -8$$

$$\therefore a = -2$$

이제 $y=-2(x-2)^2+3$ 식을 전개해보자.

$$y=-2x^2+8x-8+3$$
$$=-2x^2+8x-5$$

따라서 구하는 이차함수의 식은 $y=-2x^2+8x-5$가 된다.

세 점이 주어지는 경우에도 이차함수를 구할 수 있다. 이때는 두 점의 좌표를 각각 대입한 후 얻어진 두 식을 연립하여 풀어내면 된다.

세 점 $(0,0)$, $(1,-4)$, $(-1,-2)$를 지나는 포물선을 구해 맞는지 확인해보자.

이때는 $y=ax^2+bx+c$ 형태를 이용한다.

먼저 원점을 지나므로 y 절편은 0이다. 따라서 $c=0$이므로 식은 $y=ax^2+bx$, 여기에 두 점 $(1,-4)$, $(-1,-2)$를 대입하면,

$$-4=a+b \quad \cdots ①$$
$$-2=a-b \quad \cdots ②$$

①의 식과 ②의 식을 연립하여 풀면, $a=-3$, $b=-1$

$\therefore y=-3x^2-x$이다.

이차함수 $y=a(x-p)^2+q$에서는 a의 부호에 따라 그래프의 모양이 결정되고 p와 q의 부호에 따라 꼭짓점의 위치가 결정되므로 그래프의 모양도 알 수 있다. 즉 (p,q)를 꼭짓점으로 $a>0$

이면 아래로 볼록한 그래프가 되고 $a < 0$이면 위로 볼록한 그래프가 된다.

이 사실을 이용하여 이차함수 $y = -x^2 + 2x + 3$의 그래프를 그려보자.

일단 x^2의 계수가 -1이므로 위로 볼록한 그래프임을 알 수 있다. 그리고 y절편이 3이므로 점 $(0, 3)$을 지난다.

이에 따라 $y = -x^2 + 2x + 3$을 완전제곱식의 형태로 바꾸면,

$y = -(x^2 - 2x + 1 - 1) + 3 = -(x-1)^2 + 4$가 된다.

그러므로 꼭짓점의 좌표는 $(1, 4)$이며 그래프를 그리면 다음과 같다.

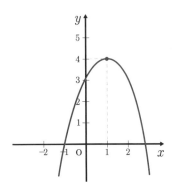

$y = -x^2 + 2x + 3$ **그래프**

이렇듯 $y = ax^2 + bx + c$의 a와 c의 부호만으로도 그래프의 모양을 알 수 있다.

이와 반대로 그래프의 모양만으로도 a, b, c의 부호를 알 수 있다. 그래프의 모양이 아래로 볼록하면 $a > 0$이고, 위로 볼록하면 $a < 0$이며 y축과의 교점이 x축보다 위에 위치하면 $c > 0$, 원점을 지나면 $c = 0$, x축보다 아래에 위치하면 $c < 0$이다.

이때 b의 부호는 그래프의 축이 어디에 있는지를 보면 알 수 있다. y축의 왼쪽에 그래프의 축이 있으면 $ab > 0$이므로 a, b가 서로 같은 부호이고 y축에 있으면 $b = 0$, y축의 오른쪽에 위치하면 $ab < 0$이므로 a, b는 서로 다른 부호이다.

a의 부호

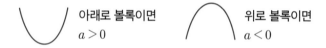

아래로 볼록이면
$a > 0$

위로 볼록이면
$a < 0$

b의 부호

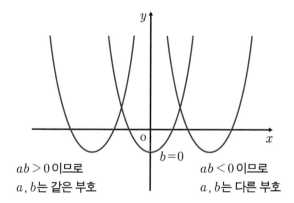

$ab > 0$이므로
a, b는 같은 부호

$b = 0$

$ab < 0$이므로
a, b는 다른 부호

c의 부호

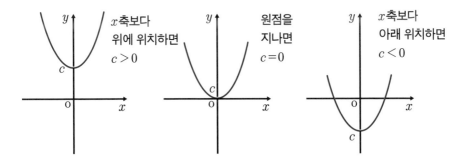

$y = ax^2 + bx + c$ 그래프 모양으로 a, b, c 부호 알기

문제1 어떤 이차함수의 그래프의 꼭짓점의 좌표가 (3, 1)이고, 점 (1, −3)을 지날 때, 이차함수의 식을 구하고 그래프를 그려보아라.

풀이 이차함수의 식을 $y=a(x-p)^2+q$로 놓고 꼭짓점의 좌표 (3, 1)을 넣으면 $y=a(x-3)^2+1$이 된다.

이 식에 점 (1, −3)을 대입하면 다음과 같다.

$$-3=a(1-3)^2+1$$
$$-3=4a+1$$
$$4a=-4$$
$$a=-1$$

따라서 이차함수의 식은 $y=-(x-3)^2+1$이 되고 그래프로 나타내면 다음과 같다.

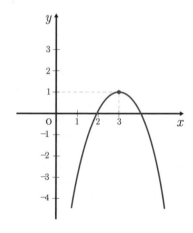

$y=-(x-3)^2+1$ **그래프**

문제**2** 이차함수 $y=-x^2+2$와 $y=-(x-p)^2+2$의 그래프가 아래 그림과 같을 때, 색칠한 부분의 넓이가 6이라면 이때 p의 값을 구하여라.

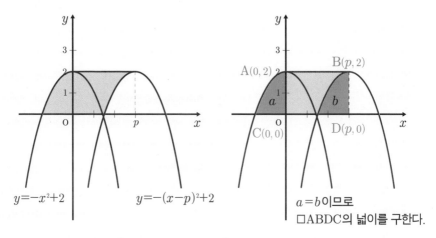

$y=-x^2+2$ 와 $y=-(x-p)^2+2$ 의 **그래프 비교**

풀이 위의 그림에서 보면 a와 b의 넓이가 같아서 직사각형의 넓이를 구하면, $p\times2=6$ ∴ $p=3$

답 3

문제**3** 이차함수 $y = 3x^2 - 6x + a - 3$의 그래프가 x축과 한 점에서 만날 때, 상수 a의 값을 구하여라.

풀이 이차함수의 그래프가 x축과 한점에서 만나려면 꼭짓점이 x축 위에 있어야 한다. 그 결과 꼭짓점의 좌표는 $(x, 0)$이 된다.

식을 변형하면,

$y = 3x^2 - 6x + a - 3$

　　　　　　　　　완전제곱식 형태로 바꾸면,

$\quad = 3x^2 - 6x + 3 - 3 + a - 3$

$\quad = 3(x-1)^2 + a - 6$

$a - 6 = 0$이어야 하므로 $a = 6$이다.

답 $a = 6$

문제**4** 이차함수 $y=ax^2+bx+c$의 그래프가 아래와 같을 때, 상수 a, b, c의 부호를 정하여라.

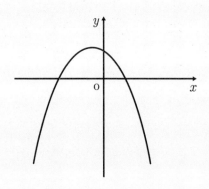

[풀이] 아래로 볼록한 그래프이므로 $a<0$,

꼭짓점이 y축의 왼쪽에 있어 $ab>0$이므로 $b<0$,

y절편이 x축보다 위에 있으므로 $c>0$이다.

[답] $a<0$, $b<0$, $c>0$

이차함수의 최댓값과 최솟값

앞에서 언급한 운동과 관련된 재미있는 이차함수를 배워보자.

박지성 선수가 최대한 힘껏 축구공을 뻥 찼다. 이 축구공은 얼마나 높이 올라갈까? 이 문제의 답을 이차함수로 구할 수 있다면 믿을 수 있겠는가?

이 축구공의 움직임을 살펴보면 위로 볼록한 포물선을 그린다는 것을 알 수 있다. 바로 이차함수의 그래프와 같은 모양인 것이다. 단 이차함수 $y = ax^2 + bx + c$의 그래프로 a값이 음수인 그래프여야 한다. 그럼 축구공이 최대로 높이 올라간 높이는 그래프 중 어디에 해당할까?

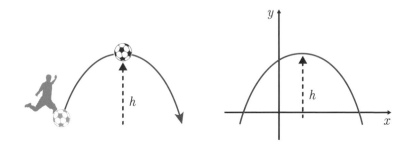

그렇다. 바로 꼭짓점의 높이이다. 꼭짓점 좌표 중 y의 값이 바로 축구공의 높이가 된다.

이 y값을 이차함수의 최댓값이라고 하며 함숫값 y 중 가장 큰 값을 함수의 최댓값, 가장 작은 값을 함수의 최솟값이라고 한다.

그러면 이차함수 $y = ax^2$의 그래프를 떠올려보자.

$a > 0$이면 원점을 지나는 아래로 볼록한 그래프이다.

그렇다면 이 그래프는 $x = 0$일 때 최솟값이 0이다. 그리고 y값은 무한대로 위로 향하기 때문에 최댓값은 없다.

$a < 0$이면 원점을 지나는 위로 볼록한 그래프이다.

그렇다면 이 그래프는 $x = 0$일 때 최댓값이 0이다. 그리고 y값은 무한대로 아래로 향하기 때문에 최솟값은 없다.

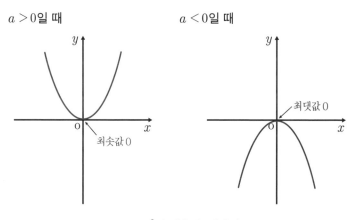

$a > 0$일 때 $a < 0$일 때

$y = ax^2$의 최솟값, 최댓값

이번에는 이차함수 $y = a(x-p)^2 + q$의 최댓값과 최솟값을 찾아보자.

$a > 0$이면 아래로 볼록이므로 $x = p$에서 최솟값이 q이다.

$a < 0$이면 위로 볼록이므로 $x = p$에서 최댓값이 q이다.

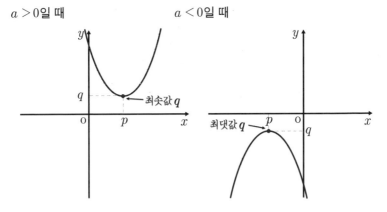

$a > 0$일 때 $a < 0$일 때

$y = a(x-p)^2 + q$의 **최댓값과 최솟값**

    다음 그림의 포물선을 그래프로 하는 이차함수의 최댓값 또는 최솟값을 구해보자.

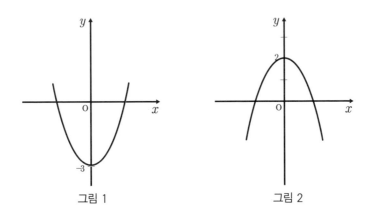

그림 1   그림 2

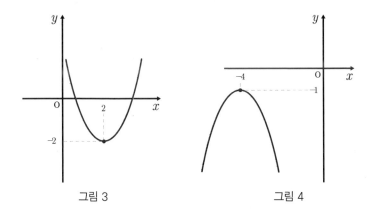

그림 3   그림 4

그림 1은 꼭짓점이 $(0, -3)$이므로 $x=0$에서 최솟값 -3,

그림 2는 꼭짓점이 $(0, 2)$이므로 $x=0$에서 최댓값 2,

그림 3은 꼭짓점이 $(2, -2)$이므로 $x=2$에서 최솟값 -2,

그림 4는 꼭짓점이 $(-4, -1)$이므로 $x=-4$에서 최댓값 -1이다.

자 이제 다시 처음으로 돌아가 박지성 선수가 힘껏 찬 축구공이 얼마나 높이 올라가는지 구해보자.

x초 후의 축구공의 높이를 ym로 놓으면, $y=-2x^2+8x$인 관계가 성립한다. 그렇다면 축구공이 가장 높이 올라갈 때의 높이는 몇 m일까?

$y=-2x^2+8x$를 완전제곱식으로 바꾸면,

$y=-2(x^2-4x+4-4)$이므로 $y=-2(x-2)^2+8$이므로 축구

공은 2초 후에 최대높이 8m까지 올라간다.

어떤 문제는 정의역을 제시하고 이차함수 $f(x)$의 최댓값과 최솟값을 구하라는 것이 있다. 다음의 문제를 풀어보자.

정의역을 $\{x \mid a \le x \le b\}$라고 할 때 이차함수 $f(x)$의 최댓값 또는 최솟값을 구하여라.

이 문제에서 꼭짓점의 x좌표인 p가 정의역에 포함되는 경우에는 세 함숫값 $f(a), f(b), f(p)$ 중 가장 큰 값이 최댓값이 되고 가장 작은 값이 최솟값이 된다.

하지만 꼭짓점의 x좌표인 p가 정의역에 포함되지 않는 경우에는 두 함수값 $f(a)$, $f(b)$ 중 큰 값이 최댓값이 되고 작은 값이 최솟값이 된다.

이번에는 여러 가지 활용 문제를 통해 이차함수의 식을 구하여 계산하는 방법을 알아보자.

두 수의 합을 주고 그 두 수의 곱의 최댓값을 구하는 문제가 종종 나온다. 다음 예제를 풀어보자.

합이 8인 두 수가 있다. 이 두 수의 곱의 최댓값을 구하려고 한다면 먼저 두 수를 $x, 8-x$로 한다.

이 두 수의 곱을 y로 하면 $y = x(8-x)$이다.

이를 전개하면 $y = -x^2 + 8x$이다. 이를 완전제곱식으로 바꾸면

$$y = -(x^2 - 8x + 16 - 16)$$

$$= -(x-4)^2 + 16\text{이다.}$$

따라서 두 수의 곱의 최댓값은 16이며, 두 수는 모두 4이다.

둘레의 길이를 주고 직사각형의 넓이가 최대가 되도록 하는 가로, 세로의 길이를 구하는 문제도 자주 등장한다.

둘레의 길이가 48cm인 직사각형의 넓이가 최대가 되도록 하는 가로, 세로의 길이를 구하는 문제의 경우 먼저 가로의 길이를 $x$cm로 놓으면 세로의 길이는 $(24-x)$cm가 된다. 그리고 넓이를 $y$cm^{2}로 하면,

$$y = x(24-x)$$

$$= -x^2 + 24x$$

완전제곱식으로 바꾸면,

$$y = -(x^2 - 24x + 144 - 144)$$

$$= -(x-12)^2 + 144$$

따라서 x가 12cm일 때 넓이 144cm^{2}가 최대가 되므로 가로, 세로의 길이는 12cm이다.

이차함수의 그래프의 꼭짓점과 직선이 만날 때 이차함수의 최솟값이나 최댓값을 구해야 하는 문제도 자주 접할 수 있다. 이런 문제는 이차함수의 꼭짓점의 좌표를 찾아 직선의 방정식에 대입하면 된다.

이처럼 이차함수의 활용 문제에서 식이 주어지지 않을 때 변하는 양을 x, x에 따라 변하는 값을 y로 놓은 후 주어진 조건을 이용하여 식을 세운 후 답을 구한다.

하지만 식이 주어질 경우에는 그 식을 $y=a(x-p)^2+q$ 형태로 바꿔서 풀이한다.

여기서 ✅ **Check Point**

이차함수의 활용

1. 식이 주어지지 않을 때

  ① 변하는 양을 x로, x에 따라 변하는 값을 y로 정하고

  ② 주어진 조건을 이용하여 x, y 사이의 관계식을 세운 뒤

  ③ 그래프 등을 이용하여 풀이한다.

2. 식이 주어질 때

  ① 주어진 식을 $y=a(x-p)^2+q$의 형태로 바꾼 뒤

  ② 조건에 맞게 풀이한다.

문제1 이차함수 $y=3x^2+6x+k+1$의 최솟값이 3일 때 상수 k의 값을 구하여라.

풀이 아래로 볼록한 그래프이므로 꼭짓점에서 최솟값을 갖는다.

$$y=3x^2+6x+k+1$$
$$=3(x^2+2x+1-1)+k+1$$
$$=3(x+1)^2+k-2$$

따라서 $k-2=3$ $\therefore$ $k=5$이다.

답 $k=5$

문제2 둘레의 길이가 60m인 울타리를 세워서 직사각형의 화단을 만들려고 한다. 화단의 넓이를 최대로 하려면 울타리의 가로의 길이를 몇 m로 해야 하는지 구하여라.

풀이 가로의 길이를 x, 세로의 길이를 $30-x$라 하면,

화단의 넓이 $y=x(30-x)$
$$=-x^2+30x$$
$$=-(x^2-30x+225-225)$$
$$=-(x-15)^2+225$$

완전제곱식으로 바꾸면,

화단의 넓이가 최대 225m²일 때 가로의 길이는 15m이다.

답 15m

문제 **3** 이차함수 $y=-2x^2-4x+k-4$의 그래프는 x축과 만나지 않

는다. 이때 상수 k의 범위를 구하여라.

풀이 먼저 $y=-2x^2+4x+k-4$를 완전제곱식 형태로 바꾸면,

$y=-2(x^2-2x+1-1)+k-4=-2(x-1)^2+k-2$이다.

여기서 이차함수 $y=a(x-p)^2$ 그래프가 x축과 만나지 않으

려면 두 가지로 나누어 생각해볼 수 있다.

$a>0$인 경우 아래로 볼록한 그래프이므로 최솟값인 q가 0보

다 커야만 한다.

$a<0$인 경우 위로 볼록한 그래프이므로 최댓값인 q가 0보다

작아야만 한다.

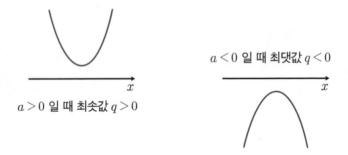

$a>0$ 일 때 최솟값 $q>0$

$a<0$ 일 때 최댓값 $q<0$

이 경우 $a<0$이므로 $k-2<0$이어야 한다. $\therefore k<2$

답 $k<2$

문제**4** 지면으로부터 10m의 높이에서 공중으로 던져 올린 공의 x초 후 높이를 ym라 할 때, $y = -2x^2 + 8x + 10$인 관계가 성립한다. 이 공이 가장 높이 올라갈 때 높이와 그때 걸린 시간을 구하여라.

[풀이] $y = -2x^2 + 8x + 10$

완전제곱식으로 바꾸면,

$= -2(x^2 - 4x + 4 - 4) + 10$

$= -2(x-2)^2 + 18$

최대 높이는 18m, 걸린 시간은 2초이다.

[답] 2초, 18m

③ 이차함수 그래프의 활용

이제 이차함수 그래프를 활용해보자. 그런데 그러기에 앞서 이차함수 $y=ax^2+bx+c\,(a\neq0)$와 이차방정식 $ax^2+bx+c=0$을 떠올려보자. 뭔가 비슷한 느낌이 드는가?

일차함수처럼 $y=ax^2+bx+c\,(a\neq0)$ 형태이면 이차함수, $ax^2+bx+c=0$이면 이차방정식, $ax^2+bx+c<0$으로 나타나면 이차부등식이다. 그리고 이차함수의 그래프와 이차방정식의 실근과 근의 개수 사이의 관계와 이차함수의 그래프를 이용하여 이차부등식의 해 등을 구할 수 있다.

이차함수 그래프와 이차방정식의 근

그렇다면 이차함수 그래프와 이차방정식의 해는 어떤 관계가 있을까?

이차함수 $y=ax^2+bx+c\,(a\neq0)$ 그래프와 x축(직선 $y=0$)의 위치관계를 한 번 살펴보자. 다음 그림처럼 세 가지 경우로 나타낼 수 있다.

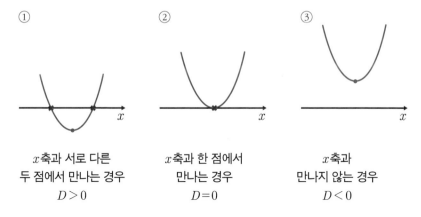

①	②	③
x축과 서로 다른 두 점에서 만나는 경우 $D>0$	x축과 한 점에서 만나는 경우 $D=0$	x축과 만나지 않는 경우 $D<0$

$a>0$일 때 이차함수 그래프와 x축의 위치관계

이차함수 $y=ax^2+bx+c\,(a>0$인 경우)는 꼭짓점의 위치만으로 x축과 교점이 몇 개인지 알 수 있다. 꼭짓점이 x축보다 아래에 있으면 교점이 두 개, x축에 있는 경우는 한 개, x축보다 위에 있는 경우는 교점이 없다. 이런 문제는 꼭짓점을 구하려면 식을 $y=a(x-p)^2+q$ 형태로 바꿔야 한다. 그럼 교점의 개수를 구할 수 있다.

이차함수 $y=ax^2+bx+c\,(a\neq0)$ 그래프와 x축(직선 $y=0$)의 교점 개수는 이차방정식 ax^2+bx+c의 근의 개수와 같다. 즉 이차함수 $y=ax^2+bx+c\,(a\neq0)$의 그래프와 x축(직선 $y=0$)의 교점의 x좌표는 $y=ax^2+bx+c$와 $y=0$을 연립하여 이루어진 이차방정식 $ax^2+bx+c=0$의 실근이다.

이차방정식 ax^2+bx+c의 근의 개수는 판별식 $D=b^2-4ac$의 부호에 따라 결정되었던 것을 기억할 것이다.

$D > 0$이면 서로 다른 두 실근을,

$D = 0$이면 중근을,

$D < 0$이면 서로 다른 두 허근을 가진다.

그리고 판별식 D의 부호로 이차함수의 그래프와 x축의 위치관계를 알아낼 수 있다.

99쪽 그림 1처럼 이차함수의 그래프가 x축과 서로 다른 두 점에서 만나려면,

$ax^2 + bx + c = 0$의 판별식 $D > 0$이어야 한다.

그림 2처럼 이차함수의 그래프가 x축과 한 점에서 만나려면,

$ax^2 + bx + c = 0$의 판별식 $D = 0$이어야 한다.

그림 3처럼 이차함수의 그래프가 x축과 만나지 않으려면,

$ax^2 + bx + c = 0$의 판별식 $D < 0$이어야 한다.

다음 문제를 풀어보자.

이차함수 $y = x^2 + 3x + 2$와 x축과의 교점을 구하여라.

판별식 $D = b^2 - 4ac$

$$= 3^2 - 4 \times 1 \times 2$$

$$= 9 - 8$$

$$= 1 > 0$$이므로 교점은 두 개이다.

계속해서 이차방정식 $x^2 + 3x + 2 = 0$을 인수분해하면, $(x + 2)$

$(x+1)=0$이며 $x=-2, -1$일 때 x축과 만난다.

그러므로 교점은 $(-2, 0)$, $(-1, 0)$이다.

이처럼 이차함수의 그래프와 x축과의 위치 관계를 알아내기 위해 판별식 D를 이용하면 이차함수 그래프와 직선의 위치 관계를 쉽게 알 수 있다.

계속해서 이차함수 $y=x^2+2x-1$의 그래프와 직선 $y=3x+1$의 교점의 개수를 구해보자.

먼저 $y=x^2+2x-1$, $y=3x+1$ 두 식을 연립하여 이차방정식으로 나타낸다.

$$x^2+2x-1=3x+1$$

좌변으로 이항하면,

$$x^2-x-2=0$$

판별식 $D=b^2-4ac$에 대입하면

$$D=(-1)^2-4\times1\times(-2)$$

$$=1+8=9>0$$이므로 교점은 두 개다.

또한 $x^2-x-2=0$을 인수분해하면 $(x+1)(x-2)=0$으로 x좌표가 -1과 2인 점에서 이차함수와 직선이 만나고 있음을 알 수 있다.

이렇게 이차함수의 식과 직선의 식을 연립하여 얻은 방정식에서 실근의 개수를 알면 이차함수의 그래프와 직선의 교점의 개수를 알 수 있다.

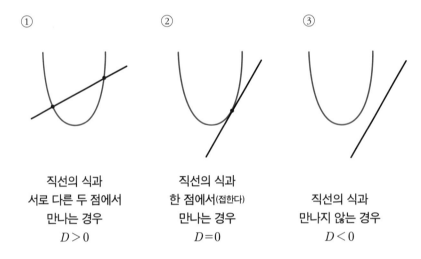

①
직선의 식과
서로 다른 두 점에서
만나는 경우
$D > 0$

②
직선의 식과
한 점에서(접한다)
만나는 경우
$D = 0$

③
직선의 식과
만나지 않는 경우
$D < 0$

$a > 0$일 때 이차함수 그래프와 직선의 위치관계

문제1 이차함수 $y=x^2-3x+3$ 그래프와 x축의 교점의 개수를 구하여라.

풀이 이차함수 $y=x^2-3x+3$과 $y=0$을 연립하여 $x^2-3x+3=0$ 이라는 이차방정식을 얻는다.

판별식 $D=b^2-4ac$를 구하면,

$$D=(-3)^2-4\times1\times3$$
$$=9-12$$
$$=-3$$

$\therefore D<0$이므로 만나지 않는다.

따라서 이차함수 $y=x^2-3x+3$의 그래프와 x축의 교점의 개수는 0이다.

답 0

문제2 이차함수 $y=x^2+2x-3$과 직선 $y=x-1$의 교점의 개수를 구하여라.

풀이 먼저 이차함수 $y=x^2+2x-3$과 직선 $y=x-1$을 연립하여 이차방정식으로 만든다.

$$x^2 + 2x - 3 = x - 1$$

이차방정식을 정리하면,

$$x^2 + x - 2 = 0$$

여기서 판별식 $D = 1^2 - 4 \times 1 \times (-2)$

$$= 1 + 8 = 9 > 0$$ 이므로 서로 다른 두 점에서

만난다. 따라서 교점의 개수는 2개이다.

답 2개

이차함수의 그래프와 이차부등식의 해

지금까지 이차함수의 그래프를 이용하여 이차방정식의 해를 구하는 법을 배웠다. 이번에는 이차함수의 그래프를 이용하여 이차부등식의 해를 구하는 법을 알아보려고 한다.

이차함수 $y = x^2 - 4x + 3$의 그래프를 이용하여 이차부등식 $x^2 - 4x + 3 > 0$의 해를 구해보자.

이차함수 $y = x^2 - 4x + 3$의 식을 완전제곱식으로 바꾸면, $y = x^2 - 4x + 4 - 4 + 3 = (x-2)^2 - 1$이므로 꼭짓점은 $(2, -1)$이다. 이 식에서 y절편은 3이고, x절편은 $y = 0$일 때 x값이므로 $x^2 - 4x + 3 = 0$으로 풀이하면 $(x-1)(x-3) = 0$. 따라서 x절편은 1, 3이다.

그래프로 나타내면 다음과 같다.

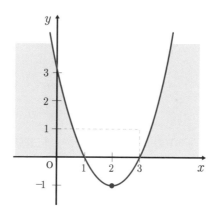

이차부등식 $x^2 - 4x + 3 > 0$의 해는 이차함수 $y = x^2 - 4x + 3$의

그래프에서 y값이 0보다 클 때의 x값의 범위이다.

그러므로 이차부등식 $x^2 - 4x + 3 > 0$의 해는 $x < 1$ 또는 $x > 3$
이다.

이와 같이 이차함수의 그래프와 이차부등식의 관계를 정리하여
보면 이차함수의 그래프와 x축의 위치 관계에 따라 이차부등식의
해를 다음과 같이 나타낼 수 있다.

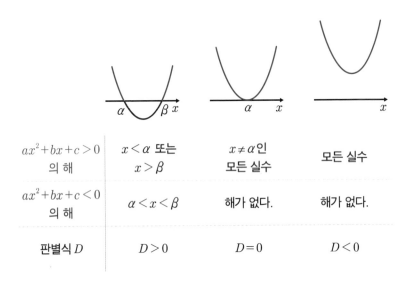

$ax^2+bx+c > 0$ 의 해	$x < \alpha$ 또는 $x > \beta$	$x \neq \alpha$인 모든 실수	모든 실수
$ax^2+bx+c < 0$ 의 해	$\alpha < x < \beta$	해가 없다.	해가 없다.
판별식 D	$D > 0$	$D = 0$	$D < 0$

$a > 0$일 때 $y = ax^2 + bx + c$의 그래프

문제**1** 이차함수 $y=2x^2-6x-8$의 그래프가 다음 그림과 같다.
이를 이용하여 다음 이차부등식의 해를 구하여라.

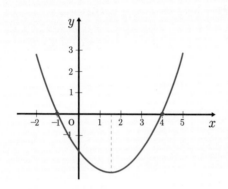

$$y=2x^2-6x-8=2(x^2-3x-4)=2(x-4)(x+1)$$

(1) $2x^2-6x-8>0$

풀이 함수의 그래프에서 $y>0$인 부분을 찾으면 $x<-1$ 또는 $x>4$

답 $x<-1$ 또는 $x>4$

(2) $2x^2-6x-8<0$

풀이 함수의 그래프에서 $y<0$인 부분을 찾으면 $-1<x<4$

답 $-1<x<4$

문제**2** 모든 실수에 대하여 이차부등식 $(k+1)x^2 - (k+1)x+1 > 0$ 이 항상 성립할 때, 상수 k값의 범위를 구하여라.

[풀이] 모든 실수에 대하여 이차부등식이 항상 성립하려면 이차항의 계수 $a > 0$일 때 판별식 $D < 0$이어야 한다.

$a > 0$이면 $k+1 > 0$ $\therefore k > -1$ ···①

$(k+1)x^2 - (k+1)x+1 > 0$에서

$D = -(k+1)^2 - 4 \times (k+1) \times 1 < 0$

이차부등식을 정리하면,

$-k^2 - 2k - 1 - 4k - 4 < 0$

양변에 -1을 곱하면,

$k^2 + 6k + 5 > 0$

인수분해하면,

$(k+1)(k+5) > 0$

$\therefore k < -5$ 또는 $k > -1$ ···②

①의 식과 ②의 식에 의해 $k > -1$

[답] $k > -1$

① 유리함수

실수를 유리수와 무리수로 나눈다는 것은 모두 알고 있을 것이다. 이와 마찬가지로 함수도 유리함수와 무리함수가 있다.

먼저 유리함수에 대해 알아보자.

다항식으로 이루어진 함수가 다항함수라는 것을 앞장에서 배웠다. 다항식과 분수식을 통틀어 유리식이라 한다. 그렇다면 다항함수와 분수함수를 합하여 유리함수라고 한다는 것이 짐작이 될 것이다.

유리함수란 함수 $y = f(x)$에서 $f(x)$가 x에 대한 유리식일 때 함수 $f(x)$를 말한다. 이미 앞에서 다항함수를 알아봤으니 여기서는 분수함수에 대해서 배워보도록 하자.

분수함수는 어디서 필요한지 궁금할 수 있다. 소리가 겨울보다 여름에 더 빨리 전달된다는 것을 알고 있을 것이다. 온도가 높을 때 매질의 진동 속도가 빨라지기 때문이다.

온도가 다른 두 지역에서 일정한 거리에 소리가 전달되는 데 걸리는 시간을 계산할 때 분수함수를 사용한다. 또한 농도를 구할 때도 사용한다. 일정한 양의 용매에 용질의 양을 변화시키면서 원하는 농도를 만들기 위해서도 분수함수를 사용한다.

함수 $y=f(x)$에서 $f(x)$가 x에 대한 분수식일 때, 이 함수 $f(x)$를 분수함수라 한다.

우리는 1장 '함수란 무엇인가'와 2장 '일차함수'에서 에서 이미 분수함수에 대해 살짝 맛을 보았다. 반비례라고 하면 생각이 날까?

함수 $f(x)=\dfrac{a}{x}$를 기억할 것이다. 이렇게 x가 분모에 들어 있는 함수는 일차함수가 아니라 분수함수라 한다. 분수함수라 했으니 분모가 0이 되면 안 된다는 걸 알 수 있다. 그래서 분모의 다항식을 0으로 만드는 x는 정의역이 될 수 없다.

그렇다면 함수 $y=\dfrac{a}{x}(a\neq0)$의 그래프는 어떻게 될까?

함수 $y=\dfrac{a}{x}(a\neq0)$의 그래프도 $a>0$일 때와 $a<0$일 때, 두 가지의 그래프로 나타낼 수 있다. $y=\dfrac{a}{x}(a\neq0)$에서는 분모가 0이 될 수 없으므로 x의 값에서 0을 제외하고 그래프를 그린다.

$a > 0$일 때	$a < 0$일 때
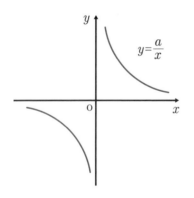	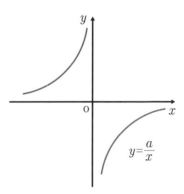
원점에 대칭인 한 쌍의 곡선으로 제 1, 3 사분면을 지나는 반비례 그래프 가 그려진다.	원점에 대칭인 한 쌍의 곡선으로 제 2, 4 사분면을 지나는 반비례 그래프 가 그려진다.

함수 $y = \dfrac{a}{x}\,(a \neq 0)$의 그래프는 x축, y축과는 만나지 않고 a의 절댓값이 커질수록 원점에서 멀어지는 그래프가 된다.

분수함수 $y = \dfrac{1}{x}$ 그래프를 그려 분수함수의 그래프의 성질을 알아보자.

먼저 표를 그려서 x에 대응하는 y값을 구한다. 여기서 $x = 0$이 될 수 없다. 왜냐하면 분수에서 분모는 0이 될 수 없기 때문이다.

x	$\cdots$	-2	-1	$-\dfrac{1}{2}$	$\cdots$	$\dfrac{1}{2}$	1	2	$\cdots$
y	$\cdots$	$-\dfrac{1}{2}$	-1	-2	$\cdots$	2	1	$\dfrac{1}{2}$	$\cdots$

표에서 구한 x, y의 순서쌍 (x, y)을 좌표평면 위에 나타낸 후 이 점들을 연결하여 매끄러운 곡선이 되도록 그린다.

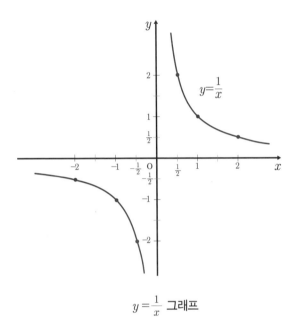

$y = \dfrac{1}{x}$ 그래프

그림에서 보듯이 $x > 0$에서는 x값이 커질수록 y값이 0에 가까워지고, x값이 작아질수록 y값이 커진다. 반대로 $x < 0$에서는 x값이 작아질수록 y값이 0에 가까워지고 x값이 0에 가까워질수록 y값이 작아진다.

곡선이 어떤 직선과 한없이 가까워지면서 서로 만나지는 않을 때, 그 직선을 점근선이라고 하는데 여기서는 x축과 y축이 점근선이 된다.

위 그림을 보면 분수함수 $y = \dfrac{1}{x}$ 그래프는 원점에 대칭이고, x축과 y축에 한없이 가까워지지만 만나지는 않는다는 것을 알 수 있다.

이번에는 분수함수 $y = -\dfrac{1}{x}$ 그래프를 그려보자.

먼저 표로 나타낸 다음, 좌표평면에 순서쌍을 나타낸 후 매끄러운 곡선으로 연결한다.

x	$\cdots$	-2	-1	$-\dfrac{1}{2}$	$\cdots$	$\dfrac{1}{2}$	1	2	$\cdots$
y	$\cdots$	$\dfrac{1}{2}$	1	2	$\cdots$	-2	-1	$-\dfrac{1}{2}$	$\cdots$

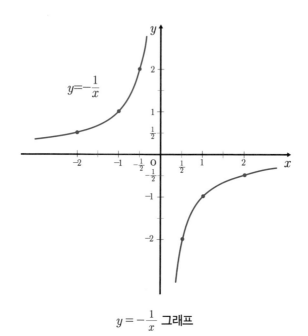

$y = -\dfrac{1}{x}$ 그래프

그림을 보면 분수함수 $y = -\dfrac{1}{x}$ 그래프는 $y = \dfrac{1}{x}$ 그래프와 모양은 같지만 점의 좌표가 위치하는 사분면은 다른 것을 알 수 있다. $y = \dfrac{1}{x}$ 그래프는 제1, 3사분면에 위치하지만 $y = -\dfrac{1}{x}$ 그래프는 제2, 4사분면에 위치한다.

계속해서 분수함수 $y = \dfrac{2}{x}$ 와 $y = \dfrac{1}{2x}$ 그래프를 그려서 $y = \dfrac{1}{x}$ 그래프와 비교해보자.

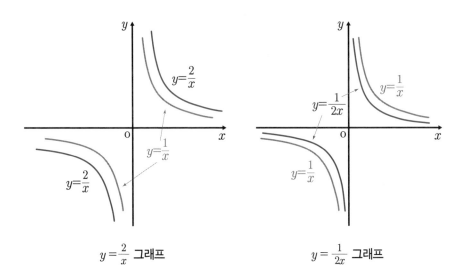

$y = \dfrac{2}{x}$ 그래프 $y = \dfrac{1}{2x}$ 그래프

그림에서 보듯이 $y = \dfrac{2}{x}$ 그래프는 $y = \dfrac{1}{x}$ 그래프보다 원점에서 더 멀어진다. 반대로 $y = \dfrac{1}{2x}$ 그래프는 $y = \dfrac{1}{x}$ 그래프보다 원점에 더 가깝다.

위의 두 그림을 통해 분수함수를 $y = \dfrac{a}{x}\,(a \neq 0)$의 식으로 이야기 한다면 a의 값에 따라 그래프의 형태가 달라진다는 것을 알 수 있다. a값이 양수이면 그래프가 제1, 3사분면에 있고 a값이 음수이면 제 2, 4사분면에 있다. 그리고 a의 절댓값에 따라서 형태가 다르다. a의 절댓값이 클수록 원점에서 멀어지는 그래프가 나타나고 있다.

이 모든 것을 정리하면 다음 그림과 같다.

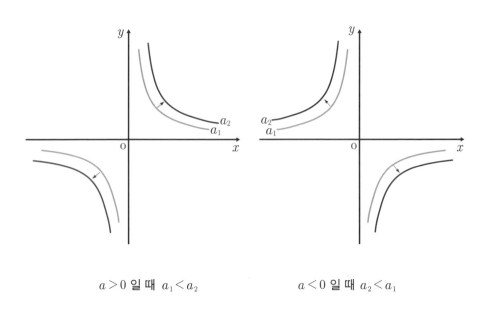

$a > 0$ 일 때 $a_1 < a_2$ $a < 0$ 일 때 $a_2 < a_1$

$y = \dfrac{a}{x}\,(a \neq 0)$ 그래프의 성질을 정리해보자.

① $x = 0$일 때 함숫값이 없으므로 정의역과 치역은 0을 제외한

실수 전체이다.

② 원점과 직선 $y = \pm x$에 대하여 대칭이다.

③ $a > 0$이면 그래프는 제 1, 3사분면에 있고, $a < 0$이면 제2, 4 사분면에 있다.

④ x축과 y축을 점근선으로 한다.

⑤ $|a|$값이 커질수록 그래프는 원점에서 멀어진다.

그렇다면 분수함수 $y = \dfrac{1}{x-2} + 3$ 그래프는 어떻게 그릴까?

앞에서 다항함수의 그래프를 그렸던 것을 떠올리면 어떻게 될지 이미 눈치챘을 것이다.

먼저 분모가 0은 될 수 없다. 분모 $x-2 \neq 0$이므로 $x \neq 2$이다.

그러므로 정의역에서 $x = 2$를 제외한다.

그럼 이제 표를 그려서 그래프를 그릴 때 필요한 순서쌍을 알아보자.

x	$\cdots$	0	1	$\cdots$	3	4	$\cdots$
y	$\cdots$	$\dfrac{5}{2}$	1	$\cdots$	4	$\dfrac{7}{2}$	$\cdots$

순서쌍 (x, y)를 좌표평면에 나타내어 그래프를 완성해보자.

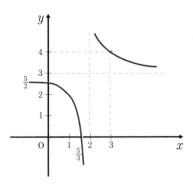

그림을 보면 무엇이 보이는가? $x=2$와 $y=3$을 점근선으로 한 그래프의 모양이 보일 것이다. $y=\dfrac{1}{x}$의 그래프를 떠올려보면 더 쉽게 알 수 있다. $y=\dfrac{1}{x}$의 그래프를 x축으로 2만큼, y축으로 3만큼 평행이동시킨 것이다.

이것을 통해 분수함수 $y=\dfrac{a}{x-p}+q\,(a\neq0)$형태의 그래프에 대하여 언제든 떠올릴 수 있다. 이를 정리하면 다음과 같다.

① $y=\dfrac{a}{x}\,(a\neq0)$ 그래프를 x축 방향으로 p만큼, y축 방향으로 q 만큼 평행이동시킨 것이다.

② 정의역은 $x=p$를 제외한 모든 실수이고 치역은 $y=q$를 제외한 모든 실수이다.

③ 점(p,q)에 대하여 대칭이고 점근선은 $x=p$, $y=q$이다.

이제 예제를 통해 분수함수에 익숙해져 보자.

분수함수 $y=\dfrac{x}{x-1}$의 점근선과 정의역, 치역을 구하고 그래프를 그려보아라.

아, 이건 본 적이 없는데 어떻게 하지? 이런 생각이 들 수도 있다. 앞에서 바로 배운 내용을 떠올려보자. 일단 주어진 분수함수를 $y = \dfrac{a}{x-p} + q$ 형태로 고쳐야 한다. 따라서,

$$y = \frac{x}{x-1}$$

분자에 1을 빼고 더하면,

$$= \frac{(x-1)+1}{(x-1)}$$

$$= 1 + \frac{1}{x-1} \text{이 된다.}$$

즉 $y = \dfrac{1}{x-1} + 1$로 바뀐다.

이제 익숙한 형태가 되었으니 점근선을 찾을 수 있다. $y = \dfrac{1}{x}$ 그래프를 x축으로 1, y축으로 1만큼 이동시킨 그래프인 것이다.

점근선은 $x = 1$, $y = 1$이고, 정의역은 $x - 1 = 0$이 되게 하는 $x = 1$을 제외한 모든 실수이며, 치역은 $y = 1$을 제외한 모든 실수이다.

x축과 만나는 점과 y축과 만나는 점을 구하면 더 정확하게 그래프를 그릴 수 있다.

x축과 만나기 위해 $y = 0$을 대입하면,

$$0 = \frac{1}{x-1} + 1$$

상수를 좌변으로 이항한 후 양변을 바꾸면,

$$\frac{1}{x-1} = -1$$

양면에 $(x-1)$을 곱하면,

$$1 = -(x-1) \quad \therefore \ x = 0$$

따라서 y축과 만나는 점은 $y = \dfrac{1}{0-1} + 1 = 0$이다.

그래프로 나타내면 다음과 같다.

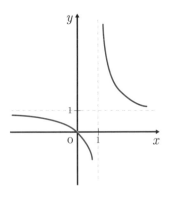

분수함수의 그래프는 점근선을 이용하면 쉽게 그릴 수 있다. 또한
점근선이 주어지면 분수함수식도 알아낼 수 있다. 다음 예제를 풀
어보자.

분수함수 $y = \dfrac{ax+b}{x-c}$ 그래프가 다음과 같을 때, 상수 a, b, c값을
각각 구하여라.

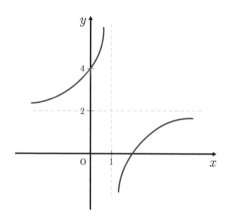

그래프를 보면 점근선이 $x=1, y=2$임을 알 수 있다.

이에 따라 앞에서 배운 $y=\dfrac{k}{x-p}+q$의 형태에 대입한다(a가 식과 겹치므로 k로 바꾸었다).

그 결과 $y=\dfrac{k}{x-1}+2$가 되었다.

이 그래프가 $(0, 4)$를 지나므로 식에 점 $(0, 4)$를 대입하면,

$$4=\frac{k}{0-1}+2$$

$$4=-k+2$$

$$k=-2$$

그러므로 식은 $y=-\dfrac{2}{x-1}+2$ 이다.

$$y = \frac{-2}{x-1} + 2$$

$y = \frac{ax+b}{x-c}$ 로 바꾸면,

$$= \frac{-2+2(x-1)}{(x-1)}$$

$$= \frac{2x-4}{x-1}$$

$$\therefore a=2, b=-4, c=1 \text{이다.}$$

분수함수가 나오면 점근선을 먼저 확인하자. 그러면 분수함수식
도 구하기 쉽고 분수함수의 그래프도 쉽게 그릴 수 있을 것이다.

문제1 분수함수 $y = \dfrac{2x+3}{x-1}$ 의 정의역과 치역을 구하여라.

풀이 먼저 $y = \dfrac{a}{x-p} + q\,(a \neq 0)$ 형태로 바꾼다.

$$y = \frac{2(x-1)+5}{x-1}$$

$$= 2 + \frac{5}{x-1}$$

$$= \frac{5}{x-1} + 2$$ 이므로 점근선은 $x = 1$, $y = 2$이다.

답 정의역은 $x \neq 1$인 모든 실수, 치역은 $y \neq 2$인 모든 실수이다.

문제2 분수함수 $y = -\dfrac{3}{x}$ 의 그래프를 x축 방향으로 a, y축 방향으로 b만큼 평행이동시키면 분수함수 $y = \dfrac{2x-4}{2x+2}$ 그래프가 된다고 한다. 이때 a, b의 값을 구하여라

풀이 먼저 분수함수 $y = \dfrac{2x-4}{2x+2}$ 를 $y = \dfrac{a}{x-p} + q$ 형태로 바꾼다.

$$y = \frac{2x-4}{2x+2}$$

$$= \frac{2x+2-2-4}{2x+2}$$

$$= \frac{(2x+2)-6}{2x+2}$$

$$= 1 - \frac{6}{2x+2}$$

$$= -\frac{6}{2(x+1)} + 1$$

분수식의 분모, 분자를 2로 나누면,

$$= -\frac{3}{(x+1)} + 1$$

따라서 x축 방향으로 -1, y축 방향으로 1만큼 평행이동하였다.

답 ∴ $a = -1$, $b = 1$이다.

문제3 분수함수 $y = \dfrac{ax+b}{x+c}$ 그래프가 다음과 같을 때, 상수 a, b, c를 각각 구하여 $a + b + c$의 값을 구하여라.

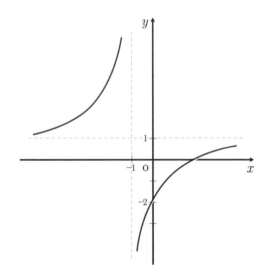

풀이 그래프를 보면 점근선이 $x = -1$, $y = 1$이다.

이에 따라 앞에서 배운 $y=\dfrac{k}{x-p}+q$ 형태에 대입한다(a가

겹치므로 k로 바꾸었다).

그 결과 $y=\dfrac{k}{x+1}+1$이 되었다.

이 그래프가 $(0,-2)$를 지나므로 점 $(0,-2)$를 식에 대입하면,

$-2=\dfrac{k}{0+1}+1$이 된다.

$-2=k+1$

$\therefore\ k=-3$

그러므로 $y=-\dfrac{3}{x+1}+1$이다.

$y=-\dfrac{3}{x+1}+1$

$\qquad\qquad\qquad\qquad y=\dfrac{ax+b}{x+c}$ 로 바꾸면,

$\ \ =\dfrac{-3+(x+1)}{(x+1)}$

$\ \ =\dfrac{x-2}{x+1}$

$\therefore\ a=1, b=-2, c=1$이므로 $a+b+c=1-2+1=0$이다.

답 $\ \ 0$

분수함수의 최댓값과 최솟값

앞에서 이차함수의 최댓값과 최솟값을 구하던 것을 떠올리기를 바란다. 이제 이차함수의 그래프를 이용해 최댓값과 최솟값을 구했던 것처럼 분수함수의 그래프를 이용해 정의역이 주어진 분수함수의 최댓값과 최솟값을 구할 수 있다. 다음 예제를 풀어보자.

분수함수 $y=\dfrac{1}{x-3}+1$(정의역은 $0 \leq x \leq 2$)의 최댓값과 최솟값을 구하여라.

분수함수 $y=\dfrac{1}{x-3}+1$은 $a>0$이므로 점근선을 기준으로 제1, 3 사분면을 지난다.

점근선은 $x=3, y=1$이고 그래프는 다음과 같다.

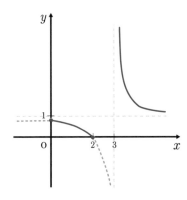

정의역이 $0 \leq x \leq 2$이므로 그래프 모양으로 살펴보면, $x=0$일 때 최댓값을 가지고 $x=2$일 때 최솟값을 가진다.

$$y = \frac{1}{x-3} + 1$$

$x = 0$을 대입하면,

$$= \frac{1}{0-3} + 1$$

$$= -\frac{1}{3} + 1$$

$$= \frac{2}{3} \cdots\rightarrow \text{최댓값}$$

$$y = \frac{1}{x-3} + 1$$

$x = 2$를 대입하면,

$$= \frac{1}{2-3} + 1$$

$$= -1 + 1$$

$$= 0 \cdots\rightarrow \text{최솟값}$$

∴ 최댓값은 $\frac{2}{3}$, 최솟값은 0이다.

그렇다면 $a < 0$일 때 분수함수의 최댓값과 최솟값은 어떻게 될까?

분수함수 $y = \frac{-1}{x+1} + 2$(정의역은 $0 \leq x \leq 2$)의 최댓값과 최솟값을 구해보자.

분수함수 $y = \frac{-1}{x+1} + 2$는 $a < 0$이므로 점근선을 기준으로 제 2, 4사분면을 지난다.

점근선은 $x = -1, y = 2$이고 그래프는 다음과 같다.

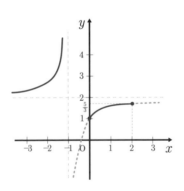

정의역이 $0 \le x \le 2$이므로 그래프로 살펴보면, $x=0$에서 최솟값, $x=2$에서 최댓값을 가진다.

$$y = \frac{-1}{x+1} + 2$$

$x=0$을 대입하면,

$$= \frac{-1}{0+1} + 2$$

$$= 1 \ \cdots\!\!\rightarrow 최솟값$$

$$y = \frac{-1}{x+1} + 2$$

$x=2$를 대입하면,

$$= \frac{-1}{2+1} + 2$$

$$= -\frac{1}{3} + 2$$

$$= \frac{5}{3} \ \cdots\!\!\rightarrow 최댓값$$

∴ 최솟값은 1, 최댓값은 $\dfrac{5}{3}$이다.

지금까지 문제풀이를 통해 분수함수 $y=\dfrac{a}{x-p}+q$(정의역 $x_1\leq$ $x\leq x_2$)의 최댓값과 최솟값을 구할 때 $a>0$이면 x의 값이 커질수록 y의 값은 감소함을 알 수 있었다.

따라서 정의역이 $x_1\leq x\leq x_2$이면 $x=x_1$일 때 최댓값 y_1을 가지고 $x=x_2$일 때 최솟값 y_2를 가진다.

$a<0$이면 x값이 커질수록 y값도 커진다. 따라서 정의역이 $x_1\leq x\leq x_2$이면 $x=x_1$일 때 최솟값 y_1을 가지고 $x=x_2$일 때 최댓값 y_2를 가진다.

분수함수의 그래프만 그릴 수 있다면 최댓값과 최솟값도 쉽게 구할 수 있다.

분수함수의 역함수 구하기

함수의 역함수는 일대일대응일 때만 존재한다. 분수함수도 일대일대응이기 때문에 역함수가 존재한다. 이 때문에 분수함수의 역함수를 구하는 문제가 종종 출제되는 만큼 이런 유형의 문제를 공부해보자.

분수함수의 역함수를 구하는 방법은 다음 세 가지가 있다.

• 함수식에서 x와 y 바꾸기

흔히 역함수를 구할 때 x와 y를 바꾸듯이 분수함수도 x와 y를 바꾸어 역함수를 구한다. 그렇게 되면 정의역은 역함수의 치역으로 바뀌고, 치역은 역함수의 정의역으로 바뀐다. 다음 문제를 풀어보자.

$y = \dfrac{2}{x} + 1$의 역함수를 구하여라.

$$y = \frac{2}{x} + 1$$

일단 x, y를 바꾼다.

$$x = \frac{2}{y} + 1$$

양변에 y를 곱한다

$$xy = 2 + y$$

y를 좌변으로 이항하면,

$$xy - y = 2$$

y로 묶은 후 정리하면,

$$(x-1)y = 2$$

$$y = \frac{2}{x-1}$$

따라서 분수함수 $y = \dfrac{2}{x} + 1$의 역함수는 $y = \dfrac{2}{x-1}$이다.

• 점근선 이용하기

$y = \dfrac{a}{x-p} + q$ 형태일 때는 점근선을 이용한다. 점근선 $x = p$, $y = q$인 분수함수의 역함수는 점근선 $x = q$, $y = p$인 분수함수

$y = \dfrac{a}{x-q} + p$ 이기 때문이다.

'함수식에서 x 와 y 바꾸기'로 풀어보았던 $y = \dfrac{2}{x} + 1$ 의 역함수를 이 방법으로 구해보자.

$y = \dfrac{2}{x} + 1$ 의 점근선은 $x=0$, $y=1$ 이다.

역함수의 점근선은 x 와 y 가 서로 바뀐 $x=1$, $y=0$ 이 된다.

이 점근선을 식에 대입하면 $y = \dfrac{2}{x-1}$ 이 되므로,

$y = \dfrac{2}{x} + 1$ 의 역함수는 $y = \dfrac{2}{x-1}$ 이다.

• 공식 이용하기

분수함수가 $y = \dfrac{ax+b}{cx+d}$ 의 형태일 때는 분자의 x 의 계수인 a 와 분모의 상수항인 d 의 부호를 바꾼 다음 서로 위치를 바꾼다. 이에 따라 $y = \dfrac{ax+b}{cx+d}$ 의 역함수는 $y = \dfrac{-dx+b}{cx-a}$ 이다.

$y = \dfrac{2}{x} + 1$ 의 역함수를 공식을 이용하여 풀어보아라.

$y = \dfrac{2}{x} + 1$ 을 정리하면,

$y = \dfrac{2+x}{x}$ 또는 $y = \dfrac{x+2}{x}$

a가 1이고 $d=0$이므로 서로 부호를 바꾼 다음 위치를 바꿔본다.

$$y = \frac{x+2}{x}$$

$a=1$과 $d=0$을 $a=-1$, $d=0$으로 **부호를 바꾼 후 위치를 바꾸면**

$$y = \frac{2}{x-1}$$

$$\therefore \ y = \frac{2}{x}+1\text{의 역함수는 } y = \frac{2}{x-1}\text{이다.}$$

분수함수의 역함수를 구하고 싶다면 이 세 가지 방법 중에서 문제 유형에 맞게 한 가지를 골라서 풀면 된다.

문제1 분수함수 $y = \dfrac{3}{x-5} + 4$의 역함수를 구하여라.

풀이 분수함수 $y = \dfrac{3}{x-5} + 4$의 점근선은 $x=5$, $y=4$이다.

점근선을 이용해 역함수를 구한다.

역함수의 점근선은 x, y를 바꾼 $x=4$, $y=5$이다.

식에 넣으면 $y = \dfrac{3}{x-4} + 5$

$\therefore y = \dfrac{3}{x-5} + 4$의 역함수는 $y = \dfrac{3}{x-4} + 5$이다.

답 $y = \dfrac{3}{x-4} + 5$

문제2 분수함수 $y = \dfrac{3x-1}{x+2}$의 역함수를 구하여라.

풀이 공식을 이용해 분자의 x의 계수와 분모의 상수를 부호를 바꾼 상

태로 서로 자리를 바꾼다.

따라서 $y = \dfrac{-2x-1}{x-3}$ 이 된다.

$\therefore y = \dfrac{3x-1}{x+2}$의 역함수는 $y = -\dfrac{2x+1}{x-3}$이다.

답 $y = -\dfrac{2x+1}{x-3}$

문제 **3** 분수함수 $y = \dfrac{1}{x+1} - 2$의 정의역은 $(0 \le x \le 2)$일 때 최댓값과 최솟값을 구하여라.

[풀이] 분수함수 $y = \dfrac{1}{x+1} - 2$는 $a > 0$인 그래프이므로,

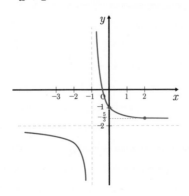

$x = 0$에서 최댓값, $x = 2$에서 최솟값을 갖는다.

$x = 0$일 때 $y = \dfrac{1}{0+1} - 2$

$\qquad\qquad = 1 - 2$

$\qquad\qquad = -1 \ \cdots\!\!\Rightarrow$ 최댓값

$x = 2$일 때 $y = \dfrac{1}{2+1} - 2$

$\qquad\qquad = \dfrac{1}{3} - 2$

$\qquad\qquad = -\dfrac{5}{3} \ \cdots\!\!\Rightarrow$ 최솟값

[답] 최댓값은 -1, 최솟값은 $-\dfrac{5}{3}$이다.

문제**4** 분수함수 $y = \dfrac{x+a}{x-2}$ 의 정의역이 $(-2 \le x \le 1)$일 때 최댓값

이 2라면 상수 a의 값을 구하여라.

풀이 $y = \dfrac{x+a}{x-2}$

$\qquad = \dfrac{x-2+2+a}{x-2}$

$\qquad = \dfrac{2+a}{x-2} + 1$

점근선은 $x=2, y=1$이다.

이에 따라 $2+a>0$일 때 즉 $a>-2$일 때와 $2+a<0$일 때

즉 $a<-2$일 때로 나누어 그래프를 그려보자.

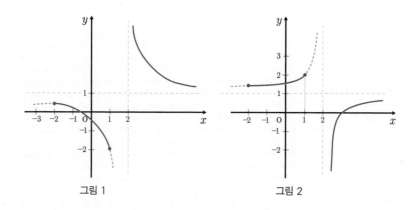

| 그림 1 | 그림 2 |

① $a>-2$일 때 그림 1은 정의역이 $(-2 \le x \le 1)$에서 함숫

값이 1보다 작으므로 최댓값 2라는 조건을 만족시킬 수

실력 Up

없다.

② $a < -2$일 때, 그림 2를 보면 정의역이 $(-2 \leq x \leq 1)$에서

$x=1$일 때 최댓값 2가 되어야 한다.

$$y = \frac{2+a}{x-2} + 1$$

$x=1$을 대입

$$\frac{2+a}{1-2} + 1 = 2$$

$$-2-a+1 = 2$$

$$\therefore a = -3$$

답 $a = -3$

2 무리함수

큰 파도가 육지를 덮쳐서 쑥대밭이 된 모습을 본 적이 있는가?

바닷속에서 발생한 지진이나 지각변동으로 큰파도가 생겨서 육지로 밀고 들어오는 현상을 지진해일이라 하는데 이 지진해일의 속력을 구할 때 바로 무리함수를 사용한다.

바다의 평균 깊이가 xm일 때 지진해일의 속력 ym/s은 $y = \sqrt{9.8x}$ 로 나타낼 수 있기 때문이다. 또한 스키드마크의 길이를 알면 무리함수를 이용하여 자동차의 속력을 추정할 수 있어 교통사고 당시 상황을 알 수 있다.

이제 무리함수가 무엇인지 알아보자. 근호 안에 문자를 포함하고 있는 식을 무리식이라고 한다. 예를 들면 $\sqrt{x}$, $\sqrt{3x-1}$ 등이 무리식이다. 그리고 함수 $y = f(x)$에서 $f(x)$가 x에 대한 무리식일 때, 함수 $f(x)$를 무리함수라고 한다.

예를 들어 두 식 $y = \sqrt{3x-1}$, $y = \sqrt{3} - x$가 있다. 이 두 함수 중 무리함수는 어떤 것일까?

$y = \sqrt{3x-1}$ 는 무리함수이다. 그러나 $y = \sqrt{3} - x$는 근호 안에 문자가 없으므로 무리식이 아니기 때문에 다항함수이다.

무리식의 값이 실수가 되려면 (근호 안의 식의 값)≥ 0이어야 한다. 그래서 무리함수에서 정의역이 특별히 주어지지 않을 때는 '근호 안의 식의 값 ≥ 0이 되는 실수'를 정의역으로 생각한다.

그렇다면 무리함수 $y=\sqrt{x}$의 정의역은 어떻게 될까?

근호 안의 식의 값 ≥ 0이어야 하므로 정의역은 $x \geq 0$인 실수이다.

정의역을 알았으니 무리함수 $y=\sqrt{x}$의 그래프를 그려보자.

다음 표는 간단하게 자연수로 구해지는 x값만 나타내어 보았다.

x	0	1	$\cdots$	4	$\cdots$	9	$\cdots$
y	0	1	$\cdots$	2	$\cdots$	3	$\cdots$

x, y값의 순서쌍을 좌표평면에 표시한 후 부드럽게 곡선으로 연결하면 다음과 같다.

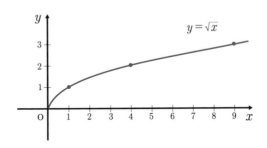

무리함수 $y=\sqrt{x}$의 치역은 $y \geq 0$인 것을 알 수 있다. 이에 따라 무리함수 $y=\sqrt{-x}$의 그래프를 그려보자.

$y=\sqrt{-x}$ 의 정의역을 먼저 살펴보면 $-x\geq0$이어야 하므로 $x\leq0$이다.

마찬가지로 간단하게 자연수로 구해지는 x값만 표로 나타내어 보았다.

x	$\cdots$	-9	$\cdots$	-4	$\cdots$	-1	0
y	$\cdots$	3	$\cdots$	2	$\cdots$	1	0

이 결과 x, y의 순서쌍을 좌표평면에 표시한 후 부드럽게 곡선으로 연결하면 다음과 같다.

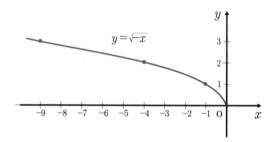

무리함수 $y=\sqrt{-x}$ 의 치역은 $y\geq0$인 것을 알 수 있다. 따라서 무리함수 $y=\sqrt{x}$ 그래프와 무리함수 $y=\sqrt{-x}$ 그래프는 y축에 대하여 서로 대칭이 된다.

이것을 통해서 무리함수 $y=\sqrt{ax}\,(a\neq0)$ 그래프를 그릴 수 있다.

무리함수 $y=\sqrt{ax}$ 의 정의역은 근호 안의 식이 0 이상이어야 하므로 $ax\geq0$인 x의 범위이다. 그래프로 그리면 다음과 같다.

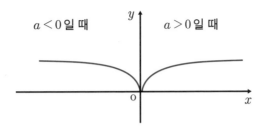

$a < 0$일 때 $a > 0$일 때

그래프에서 알 수 있듯 무리함수 $y = \sqrt{ax}$ 의 정의역과 치역은 다음과 같다.

$a > 0$일 때 정의역은 $x \geq 0$인 실수이고 치역은 $y \geq 0$인 실수이다.

$a < 0$일 때 정의역은 $x \leq 0$인 실수이고 치역은 $y \geq 0$인 실수이다.

그렇다면 $y = -\sqrt{ax}$ 의 그래프는 어떻게 될까?

$y = -\sqrt{ax}$ 그래프는 $y = \sqrt{ax}$ 의 함숫값의 부호를 바꾼 것이므로 $y = \sqrt{ax}$ 그래프와 x축 대칭이다.

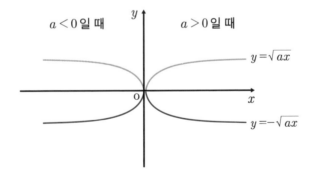

$a < 0$일 때 $a > 0$일 때 $y = \sqrt{ax}$

$y = -\sqrt{ax}$

무리함수의 그래프를 그리다 보니 마치 이차함수 그래프를 옆으로 누인 것 같다. 혹시 이차함수와 어떤 관계가 있는 건 아닐까?

그래프를 보면 알 수 있듯이 무리함수 $y=\sqrt{ax}$ 는 일대일대응이다. 따라서 역함수가 존재한다.

이제 무리함수 $y=\sqrt{ax}$ 의 역함수를 구해보자.

먼저 x와 y를 바꾼 후 정리한다.

$$x=\sqrt{ay}$$

양변을 제곱하면,

$$x^2=ay$$

y에 대한 식으로 정리하면,

$$y=\frac{x^2}{a}(a\neq 0,\ x\geq 0)$$가 된다.

무리함수의 역함수가 이차함수이다. 역시 둘은 관계가 있다.

이 결과를 놓고 무리함수 $y=\sqrt{ax}$ 의 치역 $y\geq 0$ 이 역함수의 정의역이 되므로 $y=\sqrt{ax}$ 의 정의역은 $x\geq 0$ 이 된다.

무리함수 $y=\sqrt{ax}$ 그래프와 역함수 $y=\frac{x^2}{a}(a\neq 0,\ x\geq 0)$의 그래프를 그려보면 직선 $y=x$에 대하여 대칭인 것을 알 수 있다.

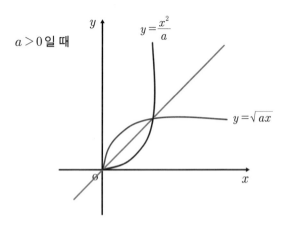

$a>0$일 때

$y=\dfrac{x^2}{a}$

$y=\sqrt{ax}$

이번에는 무리함수 $y=\sqrt{x-3}$ 그래프를 그려보자.

정의역을 먼저 구하면 $x-3\geq0$, 즉 $x\geq3$이다.

표로 나타내어 보면,

x	3	4	…	7	…
y	0	1	…	2	…

이 표를 $y=\sqrt{x}$의 표와 비교해보면 x값이 3만큼씩 이동했음을 알 수 있다. 그래프는 다음과 같다.

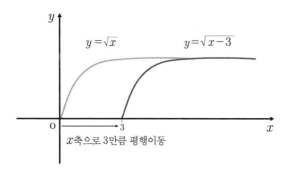

x축으로 3만큼 평행이동

무리함수 $y=\sqrt{x-3}$ 그래프는 $y=\sqrt{x}$ 그래프를 x축으로 3만큼 평행이동시킨 것임을 알 수 있다.

계속해서 무리함수 $y=\sqrt{x-3}+1$ 그래프는 어떻게 될까? 그려보지 않아도 이젠 다 알 수 있을 것이다.

$y=\sqrt{x}$ 그래프를 x축으로 3, y축으로 1만큼 평행이동시킨 것이다. 이를 확인하기 위해 $y=\sqrt{x-3}+1$ 그래프를 그려보자.

x	3	4	⋯	7	⋯
y	1	2	⋯	3	⋯

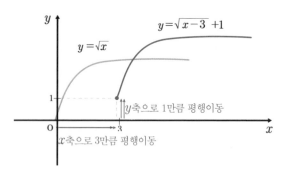

여기까지 오면 무리함수 $y=\sqrt{a(x-p)}+q$ 그래프를 눈 감고도 떠올릴 수 있을 것이다.

　무리함수 $y=\sqrt{a(x-p)}+q$ 그래프는 무리함수 $y=\sqrt{ax}$ 의 그래프를 x축 방향으로 p만큼, y축 방향으로 q만큼 평행이동시킨 것이다.

　간단하게 정리하면 $y=\sqrt{ax}$ 그래프는 점 $(0,\,0)$에서 시작하여 증가하고 $y=\sqrt{a(x-p)}+q$ 그래프는 점 $(p,\,q)$에서 시작하여 증가하는 것이다. 그래서 $a>0$일 때 무리함수 $y=\sqrt{a(x-p)}+q$ 그래프는 다음 그림과 같다.

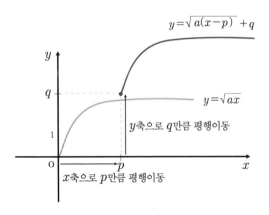

무리함수 $y=\sqrt{ax+b}+c$ 그래프는 식을 무리함수 $y=\sqrt{a(x-p)}+q$의 형태로 바꾼 후 그린다.

이제 더 단단하게 무리함수를 내 것으로 만들어야 하니 다음 문제를 통해 무리함수의 정의역과 치역을 구해보고 그래프를 통하여 상수 값을 구해보자.

문제**1** 다음 무리함수의 정의역과 치역을 구하여라

(1) $y = \sqrt{x+2}$

풀이 정의역은 $x+2 \geq 0$이므로 $x \geq -2$이고, 치역은 무리함수 $y = \sqrt{x}$의 그래프를 x축 방향으로 -2만큼 이동한 것이므로 $y \geq 0$이다.

답 정의역은 $x \geq -2$인 실수, 치역은 $y \geq 0$인 실수

(2) $y = -\sqrt{-x}$

풀이 정의역은 $-x \geq 0$이므로 $x \leq 0$이고

치역은 무리함수 $y = \sqrt{-x}$ 그래프의 y값의 부호를 다 바꾼 형태, 즉 무리함수 $y = \sqrt{-x}$ 그래프와 x축에 대칭인 그래프이므로 $y \leq 0$이다.

답 $y \leq 0$

문제**2** 무리함수 $y = \sqrt{ax+1}$ 그래프가 점 $(1, 2)$를 지날 때 상수 a의 값을 구하여라.

풀이 점 $(1, 2)$를 식에 대입하면

$$y = \sqrt{ax+1}$$

$$2 = \sqrt{a+1}$$

양변을 제곱하면,

$$4 = a+1$$

$$\therefore \ a = 3$$

답 $a = 3$

문제 **3** 무리함수 $y = \sqrt{ax+b} + c$ 그래프가 다음 그림과 같을 때 상수 a, b, c의 값을 구하여라.

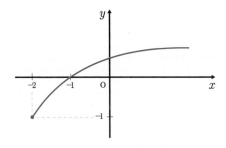

풀이 그래프가 점 $(-2, \ -1)$에서 시작하고 그래프 형태로 보아 $a > 0$이므로, 무리함수식 $y = \sqrt{a(x-p)} + q$ 형태로 바꾸면,

$$y = \sqrt{a(x+2)} - 1 \quad \cdots ①$$

이 무리함수의 그래프가 점 $(-1, 0)$을 지나므로 대입하면

$$0 = \sqrt{a(-1+2)} - 1 \Rightarrow 1 = \sqrt{a}$$

$a = 1 \ \ \therefore \ a = 1$

양변을 제곱하면,

$y = \sqrt{1 \times (x+2)} - 1$

a를 ①의 식에 넣으면,

$y = \sqrt{x+2} - 1$이므로

이 무리함수식을 정리하면,

답 $a = 1, b = 2, c = -1$

무리함수의 최댓값과 최솟값

무리함수의 최댓값과 최솟값은 어떻게 구할까?

먼저 무리함수 $y=\sqrt{x-2}$ 그래프를 그려서 알아보자.

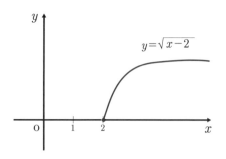

그래프는 $(2, 0)$에서 시작해서 계속 증가하는 모양이다. 그러므로 무리함수 $y=\sqrt{x-2}$ 는 $x=2$에서 최솟값 0을 가지고 최댓값은 없다. 그렇다면 무리함수 $y=-\sqrt{x-2}$ 라면 최댓값과 최솟값이 어떻게 될까?

그래프를 그리지 않아도 위에서 본 무리함수 $y=\sqrt{x-2}$ 그래프와 x축 대칭인 것을 알 수 있다.

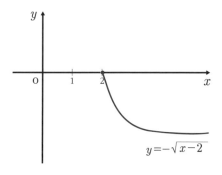

무리함수 $y = -\sqrt{x-2}$ 는 $(2, 0)$에서 시작하여 x값이 감소하면 y값도 계속 감소하는 모양의 그래프이다. 그러므로 무리함수 $y = -\sqrt{x-2}$ 는 $x=2$에서 최댓값 0을 가지고 최솟값은 없다.

이를 통해서 무리함수는 정의역 양끝에서의 함숫값이 최솟값 또는 최댓값이 된다는 것을 알 수 있다.

무리함수 $y = \sqrt{a(x-p)} + q$는 a의 부호에 관계없이 $x=p$일때 최솟값 q를 가지고 최댓값은 없다. 무리함수 $y = -\sqrt{a(x-p)} + q$ 는 a의 부호에 관계없이 $x=p$일때 최댓값 q를 가지고 최솟값은 없다.

정의역이 $x_1 \leq x \leq x_2$로 주어진다면 무리함수 $f(x)$는 $f(x_1)$과 $f(x_2)$에서 최댓값과 최솟값을 가진다. 무리함수 $f(x)$가 증가하는 함수이면 $f(x_1)$이 최솟값, $f(x_2)$가 최댓값이 되고, 무리함수 $f(x)$가 감소하는 함수이면 $f(x_1)$이 최댓값, $f(x_2)$가 최솟값이 된다.

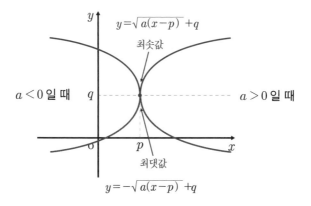

무리함수의 그래프와 직선의 위치 관계

무리함수와 직선이 만나는 경우는 다음 세 가지가 있다.

① 두 점에서 만난다. 방정식의 실근이 두 개이다.

② 한 점에서 만난다. 방정식의 실근이 한 개이다.

③ 만나지 않는다. 방정식의 실근이 없다.

무리함수 $y=\sqrt{x}$와 직선 $y=x+a$가 만날 경우 두 식을 하나의 방정식으로 놓고, 실근의 개수를 구한다. 방정식 $\sqrt{x}=x+a$에 따른 실근의 개수가 두 식의 교점의 개수와 같다.

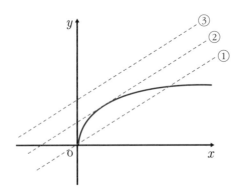

이제 방정식 $\sqrt{x}=x+a$를 풀어보자.

$$\sqrt{x}=x+a$$

양변을 제곱하면,

$$x=(x+a)^2$$

$$x=x^2+2ax+a^2$$

이항하여 정리하면,

$$x^2+2ax-x+a^2=0$$

$$x^2 + (2a-1)x + a^2 = 0$$

직선 $y = x + a$ 가 원점을 지날 때 $y = \sqrt{x}$ 와 두 점에서 만난다.

직선 $y = x + a$ 가 $(0, 0)$을 지날 때 $a = 0$ ⋯①

직선 $y = x + a$ 가 $y = \sqrt{x}$ 와 한 점에서 만나려면 방정식 $x^2 + (2a-1)x + a^2 = 0$의 판별식 $D = 0$이 되어야 하므로,

$$D = (2a-1)^2 - 4 \times 1 \times a^2$$

$$= 4a^2 - 4a + 1 - 4a^2 = 0$$

식을 정리하면,

$$-4a + 1 = 0 \quad \therefore a = \frac{1}{4} \ ⋯②$$

이에 따라 무리함수 $y = \sqrt{x}$ 와 직선 $y = x + a$의 위치관계를 보면 a의 값이 ②보다 클 때는 서로 만나지 않는다

$$\therefore a > \frac{1}{4}$$

a의 값이 ①과 ② 사이에 있을 때 두 점에서 만난다.

$$\therefore 0 \leq a < \frac{1}{4}$$

a의 값이 ②와 같거나 ①보다 작을 때는 한 점에서 만난다.

$$\therefore a = \frac{1}{4} \ \text{또는} \ a < 0$$

이처럼 판별식을 이용하여 무리함수 $y = \sqrt{x}$ 와 직선 $y = x + a$의 위치 관계를 나타낼 수 있다.

문제**1** 무리함수 $y=\sqrt{2(x-3)}+4$의 최댓값과 최솟값을 구하여라.

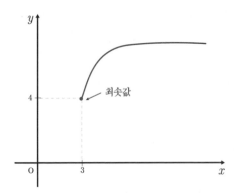

풀이 무리함수 $y=\sqrt{2(x-3)}+4$의 그래프는 $(3, 4)$에서 시작하여

증가하는 형태이므로, $x=3$에서 최솟값 4를 가진다. 최댓값

은 없다.

답 최댓값은 없고, 최솟값은 4이다.

문제**2** 무리함수 $-\sqrt{3(x+1)}-2$의 최댓값과 최솟값을 구하여라.

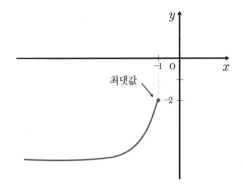

[풀이] 무리함수 $y=-\sqrt{3(x+1)}-2$의 그래프는 $(-1, -2)$에서 시작

하여 감소하므로, $x=-1$에서 최댓값 -2를 가진다. 최솟값은

없다.

[답] 최댓값은 -2, 최솟값은 없다.

[문제 3] $-1 \leq x \leq 1$일 때 무리함수 $y=\sqrt{x+3}+4$의 최댓값과 최솟

값을 구하여라.

[풀이] 무리함수 $y=\sqrt{x+3}+4$의 그래프는 증가하는 그래프이므로

$x=-1$에서 최솟값, $x=1$에서 최댓값을 가진다.

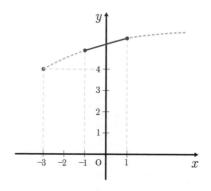

$x=-1$를 넣으면 $y=\sqrt{(-1)+3}+4$

$\qquad = \sqrt{2}+4$ ····▶ 최솟값

$x=1$를 넣으면 $y=\sqrt{1+3}+4$

$$=6 \cdots\!\!\rightarrow \textbf{최댓값}$$

답 최솟값은 $\sqrt{2}+4$, 최댓값은 6이다.

문제4 무리함수 $y=\sqrt{x-2}$ 그래프와 직선 $y=x+a$가 서로 다른 두 점에서 만날 때의 상수 a값을 구하여라.

풀이 무리함수 $y=\sqrt{x-2}$ 그래프와 직선 $y=x+a$가 서로 다른 두 점에서 만나려면, a의 값이 직선 $y=x+a$가 점 $(2, 0)$을 지날 때의 a값과 무리함수 $y=\sqrt{x-2}$ 그래프와 직선 $y=x+a$이 한 점에서 만날 때의 a값 사이에 존재해야 한다.

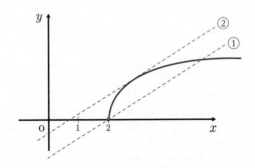

직선 $y=x+a$가 점 $(2, 0)$을 지날 때의 a값을 구하기 위해 $x=2$, $y=0$을 대입하면,

$0=2+a$ $\therefore a=-2$ $\cdots$①

무리함수 $y=\sqrt{x-2}$ 그래프와 직선 $y=x+a$가 한 점에서 만날 때 a값을 구하면, 방정식 $\sqrt{x-2}=x+a$의 판별식 $D=0$이어야 한다.

양변을 제곱하면,

$x-2=(x+a)^2$

$x-2=x^2+2ax+a^2$

이항하여 정리하면,

$x^2+(2a-1)x+a^2+2=0$

판별식 $D=(2a-1)^2-4\times1\times(a^2+2)=0$

$4a^2-4a+1-4a^2-8=0$

$-4a-7=0$

$\therefore a=-\dfrac{7}{4}$ $\cdots$②

a는 ①의 경우보다 크거나 같고 ②의 경우보다 작아야 하므로, $-2\leq a<-\dfrac{7}{4}$

답 $-2\leq a<-\dfrac{7}{4}$

문제**5** 무리함수 $y=\sqrt{x-2}+2$의 역함수를 구하고 두 함수의 그래프가 만나는 교점을 구하여라.

[풀이] $y=\sqrt{x-2}+2$

x와 y를 바꾼다.

$x=\sqrt{y-2}+2$

양변을 제곱하면,

$(x-2)^2=(\sqrt{y-2})^2$

$x^2-4x+4=y-2$

y에 대하여 정리하면,

$y=x^2-4x+6 \ (x\geq 2)$

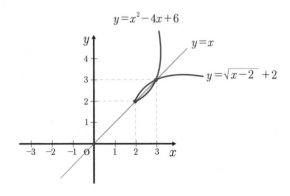

$y=\sqrt{x-2}+2$ 그래프와 $y=x^2-4x+6$ 그래프의 교점은, $y=\sqrt{x-2}+2$와 직선 $y=x$의 교점과 같다.

$$\sqrt{x-2}+2=x$$

상수항을 우변으로 이항하면,

$$\sqrt{x-2}=x-2$$

양변을 제곱하면,

$$x-2=(x-2)^2$$

$$x-2=x^2-4x+4$$

$$x^2-5x+6=0$$

인수분해하면,

$$(x-2)(x-3)=0$$

$$\therefore \ x=2 \ \ \text{또는} \ \ x=3$$

교점의 좌표는 $(2,2), (3,3)$

답 역함수 $y=x^2-4x+6$, 교점의 좌표는 $(2,2), (3,3)$

1 삼각함수의 정의

삼각함수란?

히파르코스

이름 그대로 삼각형과 관련이 있는 함수이다. 삼각함수의 기원은 고대 바빌로니아나 이집트, 중국 등에서 사용된 삼각법에서 유래한다. 그리스의 히파르코스(기원전 190년경~기원전 120년경)는 삼각형의 변의 길이와 각도의 관계를 연구하는 삼각법을 이용하여 지구의 크기와 지구와 달 사이의 거리를 계산했다.

토지를 측량하거나 항해에서 방향과 위치를 측정하기 위해서 사용된 삼각법을 통해서 얻어진 지식이 쌓이고 쌓여서 오랜 시간 동안

다듬어진 것이 바로 삼각함수이다. 실생활에서 유용하게 쓰인 오랜 역사를 가진 수학인 것이다. 또 지금도 경사로를 올라가거나 낙하산을 펼 때 같은 상황에서 주변 사물을 통해 쉽게 활용할 수 있다.

삼각법은 직각삼각형의 삼각비를 통해서 별의 위치나 큰 나무의 높이 등을 잴 때 사용하는 방법이다. 가령 커다란 나무가 있는데 그 나무의 높이를 재고 싶다면 어떻게 해야 할까? 줄자로는 잴 수가 없을 때 어떤 방법으로 나무의 높이를 알 수 있을까?

다음 그림처럼 나무 그림자의 길이와 태양의 고도를 알면 구할 수 있다.

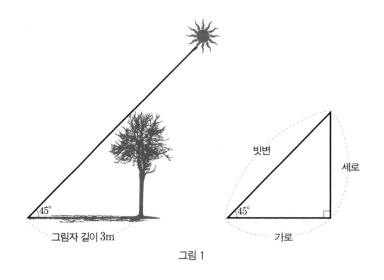

그림 1

그림자와 나무를 연결한 모양이 직각삼각형으로, 그림자의 길이가 3m, 태양의 고도가 45°이므로 삼각형의 내각의 합이 180°라는 것을 떠올리면 다른 쪽 예각의 크기가 45°로 이 직각삼각형은 이 등변삼각형임을 알 수 있다. 한 예각의 크기가 45°인 직각삼각형의 가로와 세로의 길이의 비가 1:1이므로 나무의 높이는 그림자의 길이와 같은 3m이다. 계속해서 다음 예제를 풀어보자.

한 변의 길이가 2cm인 정삼각형이 있다. 한 꼭짓점에서 마주보는 변에 수선을 그었을 때 그 수선의 길이를 구하여라.

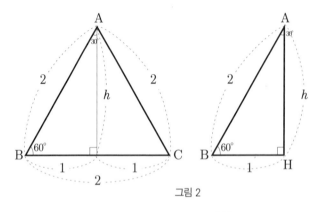

그림 2

그림처럼 꼭짓점 A에서 마주보는 $\overline{BC}$에 수선을 그으면 그어진 수선 h는 $\overline{BC}$를 이등분한다. 이때 수선 h의 길이는 피타고라스의 정리를 이용해 구할 수 있다.

(빗변의 길이)^2 = (가로의 길이)^2 + (세로의 길이)^{2}이므로,

$$2^2 = 1^2 + h^2, \quad h^2 = 4 - 1 = 3 \quad \therefore h = \sqrt{3} \text{ cm}$$

이때 정삼각형의 길이가 길어져도 우리는 수선의 길이를 구할 수 있다. 어떻게 그것이 가능할까? 이유는 각 변 사이의 비율이 일정

하기 때문이다. 만약 정삼각형의 길이가 2배 늘어난다면 가로의 길이와 세로의 길이의 비율도 똑같이 늘어나는 것을 이용해서 수선의 길이를 구할 수 있는 것이다.

그렇다면 직각삼각형에서 한 예각의 크기와 한 변의 길이를 알면 다른 변의 길이를 구할 수 있을까?

앞의 그림 1에서 보듯이 한 예각의 크기가 45°이고 이웃한 가로의 길이가 5cm인 직각삼각형이 있다면 우리는 다른 모든 변의 길이를 구할 수 있다.

이 예각에 대한 가로와 세로의 길이가 1 : 1이므로 피타고라스의 정리를 이용하면 빗변의 길이는 가로의 길이와 $\sqrt{2}$: 1의 비율을 가짐을 알 수 있다. 그러므로 가로의 길이가 5cm일 때 세로의 길이 또한 5cm, 빗변의 길이는 $5\sqrt{2}$ cm이다.

그림 2도 확인해보자. 한 예각의 크기가 60°이고 빗변의 길이가 6cm인 직각삼각형의 가로와 세로의 길이는 어떻게 될까? 그림에서 보듯이 빗변의 길이와 가로의 길이 사이에는 2 : 1의 비율이 성립한다. 그리고 가로와 세로의 길이는 1 : $\sqrt{3}$이다. 그러므로 가로의 길이는 3cm이고 세로의 길이는 $3\sqrt{3}$ cm이다.

이렇듯 직각삼각형에서 한 각 θ(세타)에 대한 각 변의 비율을 나타낸 것을 삼각비라고 한다.

각 θ에 대한 빗변과 세로의 비율을 $\sin\theta$(사인 θ)라 하고, 빗변과 가로의 비율을 $\cos\theta$(코사인 θ), 가로와 세로의 비율을 $\tan\theta$(탄젠트

θ)라고 한다.

이번에는 θ값을 변화시키면서 $\sin\theta$, $\cos\theta$, $\tan\theta$의 값을 알아보자.

좌표평면 위에 중심이 원점이고 반지름의 길이가 r인 원을 하나 그린다. 이 원 위의 한 점을 P라 하고 원점과 이 P점을 연결하는 선을 긋는다. 이 선을 동경이라 한다.

x축의 양의 방향을 시초선으로 잡으면 이 동경은 시초선이 각 θ 만큼 회전한 선이 되고 이 점 P는 동경과 원주의 교점이 된다. 이 동경을 회전시켜보자. 각 θ값이 $0°$, $30°$ $90°$ $180°$, $360°$ 등 여러 가지 값이 나올 수 있다. 동경이 시계반대방향으로 움직이면 양의 방향이라 하며 그때 생기는 각을 양의 각, 동경이 시계방향으로 움직이면 음의 방향, 그때 생기는 각을 음의 각이라 한다.

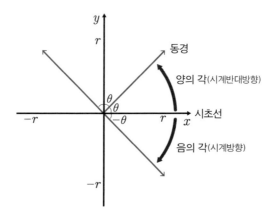

그렇다면 이 임의의 점 P를 $(x,\ y)$로 나타내면 $\sin\theta$, $\cos\theta$, $\tan\theta$값은 어떻게 될까?

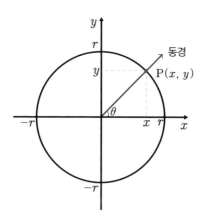

$\sin\theta=\dfrac{y}{r}$, $\cos\theta=\dfrac{x}{r}$, $\tan\theta=\dfrac{y}{x}$임을 알 수 있는데 이 값은 r 과는 관계없이 각 θ 크기에 따라 각각 하나로 결정된다. 즉 각 θ에 대한 함수가 되는 것이다.

이 함수를 차례로 각 θ의 사인함수, 코사인함수, 탄젠트함수라 한다. 그리고 이 $\sin\theta$, $\cos\theta$, $\tan\theta$를 통틀어 각 θ의 삼각함수라 한다. 고대 인도에서 삼각함수의 원형을 찾아볼 수 있으며 5세기 초 인도에서 발간된 책에 세계 최초로 삼각함수에 대해 정확하고 자세하게 설명되어 있다.

각 나타내기

여기서 잠시 각의 크기를 나타내는 방법을 알아보자.

시초선을 기준으로 동경이 한 바퀴를 돌면 $360°$라고 표현한다. 즉 원주를 360등분하여 각 호에 대한 중심각을 $1°$(도)라 표현하는 방법을 육십분법이라 한다.

보통 일반각 θ를 육십분법으로 나타내면 동경이 시초선을 몇 번 지나서 멈춘 것인지 알 수 없기 때문에 $360° \times n$(바퀴 수이므로 정수)$+\theta$로 나타낸다.

원에서 반지름의 길이와 부채꼴의 호의 길이가 같을 때, 그 부채꼴의 중심각의 크기를 1라디안, 이 라디안을 단위로 각의 크기를 나타내는 방법을 호도법이라고 한다.

보통 일반각 θ를 호도법으로 나타내면 동경이 시초선을 몇 번 지나서 멈춘 것인지 알 수 없기 때문에 $2\pi \times n$(바퀴 수이므로 정수)$+\theta$로 나타낸다.

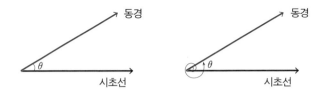

호도법과 육십분법 사이의 관계를 알아보면 반원의 중심각의 크기는 육십분법으로는 $180°$이고 반원의 둘레의 길이는 π이므로 호

도법으로 π 라디안이다. 따라서 $180°=\pi$ 라디안이 된다. 일반적으로 단위명 '라디안'을 생략하고 각을 읽으므로 $180°=\pi$ 이다.

아마 호도법에 대해 몰라도 이건 이미 알고 있었을 것이다(앞으로 θ 라 하면 호도법으로 각을 읽은 것으로 생각하자).

부채꼴의 호의 길이와 넓이를 구할 때 이 호도법을 이용할 수 있다.

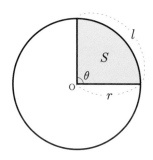

원의 반지름이 r 일 때 길이가 l 인 호에 대한 중심각의 크기를 θ 라 하면 호의 길이는 중심각의 크기에 비례하므로,

$$2\pi : \theta = 2\pi r : l$$

$$\therefore l = \frac{2\pi r \times \theta}{2\pi} = r\theta \text{ 로 구할 수 있다.}$$

그리고 부채꼴의 넓이 S 도 중심각의 크기에 비례하므로

$$S : \pi r^2 = \theta : 2\pi \text{에서} \quad S = \frac{\pi r^2 \times \theta}{2\pi}$$

$$= \frac{1}{2} r^2 \theta$$

$=\dfrac{1}{2}rl$ ($l=r\theta$이므로)로 구할 수 있다.

물론 육십분법으로도 구할 수 있지만 호도법으로 계산하면 좀 더 편리하다.

삼각함수의 $\sin\theta$, $\cos\theta$, $\tan\theta$의 부호

다시 삼각함수로 돌아가서 점 P의 위치에 따라 $\sin\theta$, $\cos\theta$, $\tan\theta$ 값이 어떻게 변하는지 살펴보자.

$\sin\theta=\dfrac{y}{r}$, $\cos\theta=\dfrac{x}{r}$, $\tan\theta=\dfrac{y}{x}$ 을 다시 한 번 염두에 두고 생각한다.

점 P가 제1사분면에 위치할 때 $x>0$, $y>0$이므로, $\sin\theta$, $\cos\theta$, $\tan\theta$ 값은 모두 양수이다.

점 P가 제2사분면에 위치할 때 $x<0$, $y>0$이므로, $\sin\theta$, $\cos\theta$, $\tan\theta$ 중 x가 들어간 $\cos\theta$, $\tan\theta$ 값은 음수이고 $\sin\theta$만 양수이다.

점 P가 제3사분면에 위치할 때 $x<0$, $y<0$이므로, $\sin\theta$, $\cos\theta$, $\tan\theta$ 중 $\sin\theta$, $\cos\theta$의 값은 음수이고 $\tan\theta$만 양수이다.

즉 $\sin\theta = \dfrac{y}{r}$, $y<0$이므로 음수이고,

$\cos\theta=\dfrac{x}{r}$, $x<0$이므로 음수이고,

$\tan\theta = \dfrac{y}{x}$, $x < 0$, $y < 0$이므로 양수이다.

점 P가 제4사분면에 위치할 때 $x > 0$, $y < 0$이므로, $\sin\theta$, $\cos\theta$, $\tan\theta$ 중 y가 들어간 $\sin\theta$, $\tan\theta$의 값은 음수이고 $\cos\theta$만 양수이다.

각 사분면에서 삼각함수 값의 부호가 양인 것은 제1사분면에서 제4사분면까지 시계반대방향으로 all, 사인, 탄젠트, 코사인의 순서이며 이를 '얼싸안고'로 암기하기도 한다.

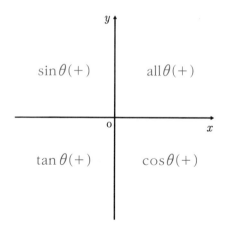

문제**1** 점 P$(3, 4)$를 지나는 동경이 원점과 나타내는 각을 θ로 할 때,

$\sin\theta$, $\cos\theta$, $\tan\theta$값을 각각 구하여라.

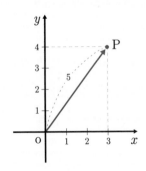

[풀이] $x=3$, $y=4$, 그리고 피타고라스의 정리에 의해,

$x^2+y^2=r^2$이므로 $3^2+4^2=9+16=25$

$r=5$이다.

[답] $\sin\theta=\dfrac{y}{r}=\dfrac{4}{5}$, $\cos\theta=\dfrac{x}{r}=\dfrac{3}{5}$, $\tan\theta=\dfrac{y}{x}=\dfrac{4}{3}$

문제 2 $120°$는 호도법의 각으로, $\frac{1}{2}$ 라디안은 육십분법의 각으로 나타내어라.

풀이 $180°=\pi$ 이므로 1 라디안 $=\frac{180}{\pi}$, $1°=\frac{\pi}{180}$ 라디안이다.

$120° \Rightarrow 120 \times \frac{\pi}{180} = \frac{2}{3}\pi$ 라디안

$\frac{\pi}{2}$ 라디안 $\Rightarrow \frac{\pi}{2} \times \frac{180}{\pi} = 90°$

답 $\frac{2}{3}\pi$ 라디안과 $90°$

문제 3 중심각의 크기가 $\frac{\pi}{2}$ 이고 반지름이 4cm인 부채꼴의 호의 길이와 넓이를 구하여라.

풀이 $l=r\theta$ 이므로 $l=4 \times \frac{\pi}{2} = 2\pi$

$S=\frac{1}{2}rl$ 이므로 $S=\frac{1}{2} \times 4 \times 2\pi = 4\pi$

답 호의 길이는 2πcm, 부채꼴의 넓이는 $4\pi\,\text{cm}^2$이다.

문제 4 동경이 $540°$ 회전했을 때 나타내는 일반각 θ를 구하여라.

풀이 $540°=360° \times 1 + 180°$ 이므로

답 일반각 $\theta = 360° \times n + 180°$

문제**5** 점 P가 $(-2, -1)$일 때 삼각함수 $\sin\theta$, $\cos\theta$, $\tan\theta$의 부호를
각각 말하여라.

[풀이] 점 $P(-2, -1)$은 제3사분면에 있는 점이므로 $\sin\theta$과 $\cos\theta$의
부호는 $(-)$, $\tan\theta$의 부호는 $(+)$이다.

맞는지 확인해보려면 점 P가 $(-2, -1)$일 때 $x=-2$, $y=-1$
이므로 $x^2+y^2=r^2$에 대입해본다.

$(-2)^2+(-1)^2=r^2$에서 $r=\sqrt{5}$

$$\sin\theta=\frac{y}{r}=-\frac{1}{\sqrt{5}},$$

$$\cos\theta=\frac{x}{r}=-\frac{2}{\sqrt{5}},$$

$$\tan\theta=\frac{y}{x}=\frac{-1}{-2}=\frac{1}{2}$$

[답] $\sin\theta$과 $\cos\theta$의 부호는 $(-)$, $\tan\theta$의 부호는 $(+)$이다.

삼각함수의 기본공식

이제부터는 삼각함수 사이에 어떤 관계가 있는지 알아보자.

$\sin\theta = \frac{y}{r}$, $\cos\theta = \frac{x}{r}$ 이다. 그런데 직각삼각형의 성질에 따르면 r은 x와 y보다 크다. 그러므로 $\sin\theta$와 $\cos\theta$는 1보다 작아야 한다. 또 대부분 삼각함수의 값은 무리수이다. 하지만 θ의 값이 특정할 경우 삼각함수의 값이 정수가 되기도 한다. 이 값을 통해서 θ값에 대한 삼각함수 값을 어림할 수 있다.

θ가 $0°$일 경우 세로의 길이는 0이 되고 가로의 길이는 빗변의 길이와 같아진다. 그러므로 $\sin 0° = 0$, $\cos 0° = 1$, $\tan 0° = 0$이 된다.

θ가 $90°$일 경우에는 가로의 길이는 0이 되고 세로의 길이는 빗변의 길이와 같아진다. $\sin 90° = 1$, $\cos 90° = 0$이므로 $\tan 90°$는 정의되지 않는다. 왜냐하면 $\tan 90° = \frac{\sin 90°}{\cos 90°} = \frac{1}{0}$은 있을 수 없기 때문이다.

이로써 모든 θ값에 대한 삼각함수 $\sin\theta$와 $\cos\theta$값의 범위를 알 수 있다.

$$-1 \leq \sin\theta \leq 1$$
$$-1 \leq \cos\theta \leq 1$$

이번에는 $\sin\theta$를 $\cos\theta$로 나누어보자.

$$\frac{\sin\theta}{\cos\theta} = \frac{\frac{y}{r}}{\frac{x}{r}} = \frac{y}{x}$$

놀랍게도 $\tan\theta$가 된다.

그러면 θ 값이 음수일 때 삼각함수는 어떻게 변할까?

먼저 x축과 각도 θ를 이루는 점을 $P(x,\ y)$라고 하자. 그러면 x축과 $-\theta$를 이루는 점은 $P'(x,\ -y)$가 된다. 그러므로,

$$\sin(-\theta) = -\frac{y}{r} = -\sin\theta$$

$$\cos(-\theta) = \frac{x}{r} = \cos\theta$$

$$\tan(-\theta) = -\frac{y}{x} = -\tan\theta$$

임을 알 수 있다. 이는 삼각함수에 대한 항등식들 중 한 가지이다.

계속해서 또 다른 항등식들을 찾아보자. 그 전에 먼저 그림을 살펴보면서 삼각함수의 또다른 성질을 알아보자.

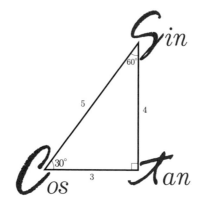

먼저 $\sin 30°$, $\cos 30°$, $\tan 30°$를 구해보자.

$\sin 30° = \dfrac{4}{5}$, $\cos 30° = \dfrac{3}{5}$, $\tan 30° = \dfrac{4}{3}$ 이라는 것을 바로 구할 수 있다.

그러면 $\sin 60°$, $\cos 60°$, $\tan 60°$를 구해보자.

$\sin 60° = \dfrac{3}{5}$, $\cos 60° = \dfrac{4}{5}$, $\tan 60° = \dfrac{3}{4}$ 임을 구할 수 있다.

이제 두 삼각함수의 값을 비교해보자. 그런데 그 전에 이쯤해서 여각의 개념을 알아야 할 듯하다. 연관된 몇 가지 용어도 함께 알아보자.

직각삼각형에서 직각을 제외한 한 각의 크기가 θ이면 다른 한 각의 크기는 $(90° - \theta)$이다. 그리고 이 $(90° - \theta)$를 θ의 여각이라 한다. 따라서 $30°$의 여각은 $(90° - 30°) = 60°$ 이다.

이에 따라 위의 값을 비교해보면,

$$\sin 30° = \dfrac{4}{5}, \qquad \cos 60° = \dfrac{4}{5}$$

$$\cos 30° = \dfrac{3}{5}, \qquad \sin 60° = \dfrac{3}{5}$$

으로 서로 값이 같다는 것을 알 수 있다.

이것을 정리해보면, θ의 사인 값이 θ의 여각의 코사인 값과 같고, θ의 코사인 값은 θ의 여각의 사인 값과 같다.

$$\cos\left(\dfrac{\pi}{2} - \theta\right) = \sin\theta$$

$$\sin\left(\dfrac{\pi}{2} - \theta\right) = \cos\theta$$

이런 이유로 사인함수와 코사인함수를 서로 여함수라 한다.

그럼 $\tan 30° = \dfrac{4}{3}$, $\tan 60° = \dfrac{3}{4}$ 은 어떻게 설명이 될까? 이는 서로 역수의 관계이다. 그리고 탄젠트함수의 여함수이면서 역수를 코탄젠트(cot)함수라 한다.

$$\tan\left(\frac{\pi}{2} - \theta\right) = \frac{1}{\tan\theta} = \cot\theta$$

$$\tan\theta = \frac{1}{\cot\theta}$$

그러면 사인함수와 코사인함수의 역수는 무엇일까?

사인함수의 역수는 코시컨트(csc)함수라 하고 코사인함수의 역수는 시컨트(sec)함수라 한다.

$$\csc\theta = \frac{1}{\sin\theta}, \ \ \sec\theta = \frac{1}{\cos\theta}$$

그러면 $\pi \pm \theta$의 삼각함수는 어떻게 될까?

$(\pi + \theta)$는 제3사분면에 위치하므로 $\tan$ 값만 $(+)$이다.

$$\sin(\pi + \theta) = -\sin\theta$$
$$\cos(\pi + \theta) = -\cos\theta$$
$$\tan(\pi + \theta) = \tan\theta$$

$(\pi - \theta)$는 제2사분면에 위치하므로 $\sin$ 값만 $(+)$이다.

$$\sin(\pi - \theta) = \sin\theta$$

$$\cos(\pi - \theta) = -\cos\theta$$

$$\tan(\pi - \theta) = -\tan\theta$$

따라서 여러 가지 각에 따라 삼각함수의 값이 달라지는 것을 알수 있다.

좀 더 단순하게 설명하면 주어진 각을 $\frac{\pi}{2} \times n \pm \theta$ (n은 정수)로 고쳤을 때 n이 홀수이면 sin과 cos이 서로 바뀌고 tan는 $\frac{1}{\tan}$이 된다. 그리고 n이 짝수이면 sin, cos, tan를 그대로 둔다. 또 $\frac{\pi}{2} \times n \pm \theta$ 인 각이 위치하는 사분면에 삼각함수 값의 부호를 붙인다.

이제부터 피타고라스의 정리를 이용해서 $\sin\theta$, $\cos\theta$, $\tan\theta$ 사이의 관계를 더 알아보자.

$x^2 + y^2 = r^2$이 있다. 양변을 r^2으로 나누면,

$$\frac{x^2}{r^2} + \frac{y^2}{r^2} = 1$$

여기에서 $\frac{x^2}{r^2} = \sin^2\theta$, $\frac{y^2}{r^2} = \cos^2\theta$이므로, $\sin^2\theta + \cos^2\theta = 1$이다. 따라서 이 식은 $\sin^2\theta = 1 - \cos^2\theta$ 또는 $\cos^2\theta = 1 - \sin^2\theta$로 바꿔 쓸 수 있다.

또한 $\sin^2\theta + \cos^2\theta = 1$의 양변을 $\cos^2\theta$로 나누면,

$$\frac{\sin^2\theta}{\cos^2\theta} + 1 = \frac{1}{\cos^2\theta}$$

즉 $\tan^2\theta + 1 = \dfrac{1}{\cos^2\theta}$ 임을 알 수 있다.

지금까지 살펴본 공식들은 삼각함수의 기본공식으로 꼭 기억해 두면 좋다. 문제를 풀 때 이 공식들을 이용하여 쉽게 풀 수 있기 때문이다.

여기서 ✓ **Check Point**

삼각함수 사이의 관계

① $\dfrac{\sin\theta}{\cos\theta}=\tan\theta$　　② $\sin^2\theta+\cos^2\theta=1$

③ $\tan^2\theta+1=\dfrac{1}{\cos^2\theta}$

삼각함수 각의 변환

① $\sin(-\theta)=-\sin\theta,$

　$\cos(-\theta)=\cos\theta,$

　$\tan(-\theta)=-\tan\theta$

② $\cos\left(\dfrac{\pi}{2}-\theta\right)=\sin\theta,$

　$\sin\left(\dfrac{\pi}{2}-\theta\right)=\cos\theta,$

　$\tan\left(\dfrac{\pi}{2}-\theta\right)=\dfrac{1}{\tan\theta}$

③ $\sin(\pi+\theta)=-\sin\theta$

　$\cos(\pi+\theta)=-\cos\theta$

　$\tan(\pi+\theta)=\tan\theta$

④ $\sin(\pi-\theta)=\sin\theta$

　$\cos(\pi-\theta)=-\cos\theta$

　$\tan(\pi-\theta)=-\tan\theta$

문제**1** 삼각함수 사이의 관계를 이용해 $(\sin\theta+\cos\theta)^2+(\sin\theta-\cos\theta)^2$을 간단히 하여라.

풀이 $(\sin\theta+\cos\theta)^2+(\sin\theta-\cos\theta)^2=\sin^2\theta+2\sin\theta\cos\theta+\cos^2\theta+\sin^2\theta-2\sin\theta\cos\theta+\cos^2\theta$

$$=2\sin^2\theta+2\cos^2\theta$$

$$=2\underbrace{(\sin^2\theta+\cos^2\theta)}_{=1}=2$$

답 2

문제**2** $\sin\theta+\cos\theta=\dfrac{1}{2}$일 때, $\dfrac{\sin\theta}{\cos\theta}+\dfrac{\cos\theta}{\sin\theta}$의 값을 구하여라

풀이 $\dfrac{\sin\theta}{\cos\theta}+\dfrac{\cos\theta}{\sin\theta}$을 통분하면 $\dfrac{\sin^2\theta+\cos^2\theta}{\sin\theta\cos\theta}$가 된다.

$\sin^2\theta+\cos^2\theta=1$이란 건 알지만 $\sin\theta\cos\theta$의 값을 모른다.

따라서 $\sin\theta+\cos\theta=\dfrac{1}{2}$을 이용해 $\sin\theta\cos\theta$의 값을 구해보자.

$\sin\theta+\cos\theta$를 제곱하면,

$$(\sin\theta+\cos\theta)^2=\sin^2\theta+2\sin\theta\cos\theta+\cos^2\theta$$

$$=1+2\sin\theta\cos\theta=\dfrac{1}{4}$$

$$2\sin\theta\cos\theta=\dfrac{1}{4}-1=-\dfrac{3}{4}$$

$$\therefore \ \sin\theta\cos\theta = -\frac{3}{8}$$

이 값을 앞의 식에 대입하면,

$$\frac{\sin^2\theta + \cos^2\theta}{\sin\theta\cos\theta} = \frac{1}{-\dfrac{3}{8}} = -\frac{8}{3}$$

답 $-\dfrac{8}{3}$

문제 3 삼각함수의 각 변환을 이용하여,

$\sin(\pi-\theta) + \sin\left(\dfrac{\pi}{2}-\theta\right) + \sin(-\theta) + \sin\left(\dfrac{3\pi}{2}+\theta\right)$의 값을

구하여라

풀이 삼각함수의 각 변환에 따르면,

$$\sin(\pi-\theta) = \sin\theta$$

$$\sin\left(\frac{\pi}{2}-\theta\right) = \cos\theta$$

$$\sin(-\theta) = -\sin\theta$$

$$\sin\left(\frac{3\pi}{2}+\theta\right) = -\cos\theta \text{ 이므로}$$

$$\sin(\pi-\theta) + \sin\left(\frac{\pi}{2}-\theta\right) + \sin(-\theta) + \sin\left(\frac{3\pi}{2}+\theta\right)$$

$$= \sin\theta + \cos\theta - \sin\theta - \cos\theta = 0$$

답 0

문제**4** 이차방정식 $2x^2-kx+3=0$의 두 근이 $\sin\theta$, $\cos\theta$일 때, 양수 k의 값을 구하여라.

풀이 두 근이 $\sin\theta$, $\cos\theta$라고 하였으므로 근과 계수의 관계를 이용한다. $ax^2+bx+c=0$의 두 근을 α, β라고 할 때 $\alpha+\beta=-\dfrac{b}{a}$이고 $\alpha\beta=\dfrac{c}{a}$의 관계를 가진다.

근과 계수의 관계를 이용하면,

$\sin\theta+\cos\theta=\dfrac{k}{2}$, $\sin\theta\cos\theta=\dfrac{3}{2}$이다.

$\sin\theta+\cos\theta=\dfrac{k}{2}$의 양변을 제곱하면,

$(\sin\theta+\cos\theta)^2=\sin^2\theta+2\sin\theta\cos\theta+\cos^2\theta=\dfrac{k^2}{4}$

$\sin^2\theta+\cos^2\theta=1$이고 $\sin\theta\cos\theta=\dfrac{3}{2}$이므로,

$\qquad =1+2\left(\dfrac{3}{2}\right)=\dfrac{k^2}{4}$

$\dfrac{k^2}{4}=4$, $k^2=16$

$k=\pm4$

k는 양수이므로 $\therefore k=4$

답 $k=4$

문제5 $\triangle ABC$에서 $A+B=\dfrac{\pi}{2}$일 때,

$\sin A - \cos B + \tan B \tan\left(\dfrac{\pi}{2}-B\right)$의 값을 구하여라.

풀이 삼각형이므로 $A+B+C=\pi$이다.(삼각형의 내각의 합은 $180°$이다)

$A+B=\dfrac{\pi}{2}$이면 $A=\dfrac{\pi}{2}-B$이므로,

$\sin A = \sin\left(\dfrac{\pi}{2}-B\right)=\cos B$이다.

$\tan\left(\dfrac{\pi}{2}-B\right)=\dfrac{1}{\tan B}$ 이므로,

$\sin A - \cos B + \tan B \tan\left(\dfrac{\pi}{2}-B\right)$

$=\cos B - \cos B + \tan B \times \dfrac{1}{\tan B}=1$

답 1

2 삼각함수의 그래프

지금까지 삼각함수의 성질에 대해 알아보았다. 이제부터는 삼각함수 그래프를 알아보자. 그런데 이미 여러분들은 삼각함수 그래프를 알고 있다.

한여름 시원한 바닷가를 한번 떠올려보자. 몸을 파도에 맡기고 둥실둥실 떠다니는 나를 상상해보라. 그리고는 파도의 움직임이 어땠었는지 그림으로 나타내보자.

이때 위아래로 올라갔다 내려갔다를 반복하는 파도의 움직임은 바로 사인함수, 코사인함수의 모양과 비슷하다. 정말 비슷한지 사인함수 그래프를 그려보며 확인해보자.

먼저 반지름이 1인 원을 좌표평면 위에 그린다. 이 원과 동경이 만나는 점을 $P(x, y)$로 나타내면 $\sin x$의 값은 P의 y좌표로 나타난다. 그 변화를 그림으로 나타내면 다음 그림과 같다.

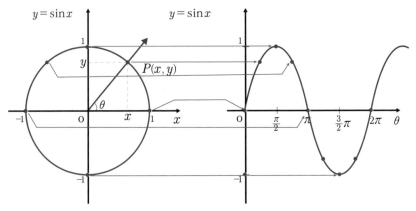

그림으로 보면 알 수 있듯이 $\sin x$의 값 y는 -1과 1 사이에 있다. 이를 표로 나타내면 다음과 같다.

x	0	$\dfrac{\pi}{2}$	π	$\dfrac{3\pi}{2}$	2π	$\dfrac{5\pi}{2}$	3π	$\dfrac{7\pi}{2}$	4π	$\cdots$
y	0	1	0	-1	0	1	0	-1	0	$\cdots$

그리고 2π 간격으로 같은 모양이 반복된다.

이렇듯 같은 모양을 반복하는 함수를 주기함수라 하는데 삼각함수는 모두 주기함수이다.

그래서 우리 주변에서 주기적으로 반복되는 여러 가지 현상을 연구할 때 삼각함수가 이용된다. 예를 들면 심장 박동을 나타내는 심전도 그래프나 바이오리듬, 조수간만의 차를 나타낼 때 삼각함수 그래프의 모양을 볼 수 있다. 이제 삼각함수 그래프를 자세히 살펴보자.

같은 모양이 반복되는 마디의 길이를 주기라고 한다. 그림을 보면 이 사인함수의 최댓값과 최솟값도 알 수 있다.

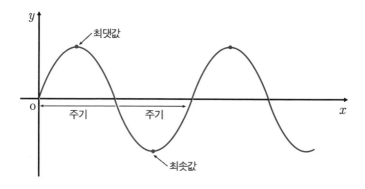

정리해보면 $y = \sin x$의 그래프는 정의역이 실수 전체이고 치역은 $-1 \le y \le 1$이다. 주기는 2π로, 정수 n에 대하여 $\sin(x+2n\pi) = \sin x$이다.

$\sin(-x) = -\sin x$이므로 그래프는 원점에 대칭이다.

이제 다시 그림을 확인해보면 정말 파도처럼 출렁출렁거리고 있다.

그럼 $y = 2\sin x$의 그래프는 어떻게 될까?

x	0	$\dfrac{\pi}{2}$	π	$\dfrac{3\pi}{2}$	2π	$\cdots$
y	0	2	0	-2	0	$\cdots$

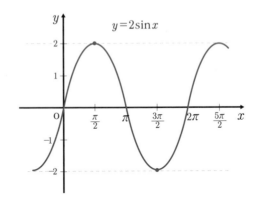

$y = \sin x$와 비교해보면 주기는 같은 데 치역만 변했음을 알 수 있다. 즉 $y = 2\sin x$의 그래프는 $y = \sin x$의 그래프를 y축 방향으로 2배 확대한 것으로, 주기는 2π 그대로인데 치역만 $-2 \le y \le 2$로

변한 그래프이다.

계속해서 $y = \dfrac{1}{2}\sin x$ 그래프를 살펴보자.

x	0	$\dfrac{\pi}{2}$	π	$\dfrac{3\pi}{2}$	2π	$\cdots$
y	0	$\dfrac{1}{2}$	0	$-\dfrac{1}{2}$	0	$\cdots$

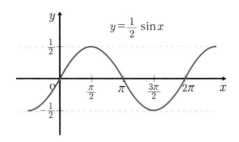

$y = \sin x$와 비교해보면 주기는 같은 데 치역만 변했음을 알 수 있다. 즉 $y = \dfrac{1}{2}\sin x$의 그래프는 $y = \sin x$의 그래프를 y축 방향으로 2배 축소한 것으로, 주기는 2π 그대로인데 치역만 $-\dfrac{1}{2} \le y \le \dfrac{1}{2}$로 변한 그래프이다.

이렇게 해서 $y = a\sin x (a > 0)$의 그래프 형태를 살펴보았다.

$y = a\sin x (a > 0)$의 그래프는 $y = \sin x$의 그래프를 y축 방향으로 a배 확대 또는 a배 축소한 것으로 주기는 변하지 않고 치역만 $-a \le y \le a$로 변한 그래프이다.

만약 $y = \sin x$의 그래프에서 x의 값이 달라지면 어떻게 될까? 직접 확인해보기 위해 $y = \sin \dfrac{1}{2}x$의 그래프를 그려보자.

x	0	π	2π	3π	4π	$\cdots$
y	0	1	0	-1	0	$\cdots$

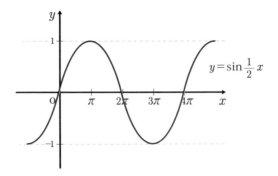

$y = \sin \dfrac{1}{2}\,x$ 그래프를 $y = \sin x$의 그래프와 비교해보니 치역은 변하지 않고 주기만 2π에서 4π로 길어졌다. 즉 $y = \sin \dfrac{1}{2}\,x$의 그 래프는 $y = \sin x$의 그래프를 x축의 방향으로만 2배 확대한 것이다.

그러면 $y = \sin 2x$의 그래프는 어떻게 될까?

예상할 수 있듯이 $y = \sin x$의 그래프를 x축의 방향으로만 $\dfrac{1}{2}$ 배 축소한 것이다. 치역은 $-1 \le y \le 1$로 그대로인데 주기만 π로 변 했다.

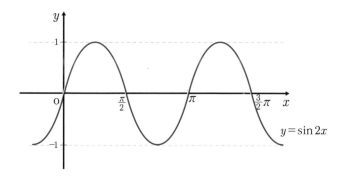

$y = \sin 2x$

이를 통해서 $y = \sin bx\,(b > 0)$의 그래프는 $y = \sin x$의 그래프를 x축의 방향으로만 $\frac{1}{b}$배 확대 또는 $\frac{1}{b}$배 축소한 그래프라는 것을 알 수 있었다. 이때 치역은 변하지 않고 주기만 2π에서 $\frac{2\pi}{b}$로 변한다.

$y = \sin(x - a)$의 그래프는 어떻게 될까? 이쯤되면 자동으로 떠오를 것이다. 도형의 평행이동과 같이 $y = \sin x$의 그래프를 x축 방향으로 a만큼 평행이동시킨 것이다.

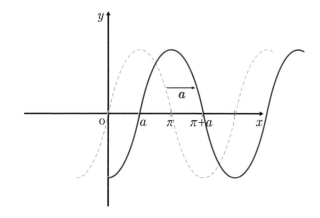

그렇다면 $y = \sin x + b$의 그래프는 어떻게 될까? 도형의 평행이동과 같은 원리로 $y = \sin x$의 그래프를 y축 방향으로 b만큼 평행이동시킨 것이다.

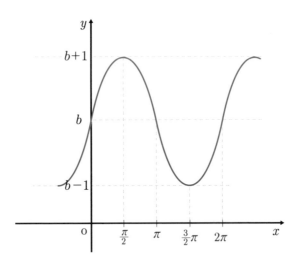

계속해서 이제부터는 코사인함수의 그래프를 알아보자.

$y = \cos x$의 그래프는 어떻게 그릴까? 이런 유형의 문제는 삼각함수의 각 변환을 이용하면 의외로 쉽게 그릴 수 있다.

$\cos \theta$를 $\sin \theta$ 형태로 바꾸려면 어떤 변환이 좋을까?

$\sin\left(\theta + \dfrac{\pi}{2}\right) = \cos \theta$였던 것을 떠올려보길 바란다.

각 변환을 이용하면 $y = \cos x$의 그래프는 $y = \sin x$의 그래프를 x축 방향으로 $-\dfrac{\pi}{2}$만큼 평행이동시키면 된다. 이는 다음 그림과 같다.

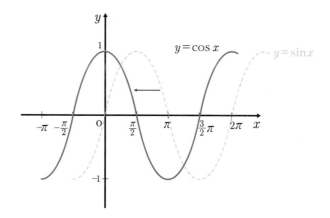

$y=\cos x$의 그래프는 정의역이 실수 전체이고 치역은 $-1 \leq y \leq 1$이다. 주기는 2π로 정수 n에 대하여 $\cos(x+2n\pi)=\cos x$이다. $\cos(-x)=\cos x$이므로 그래프는 y축에 대칭이다.

그렇다면 $y=3\cos x$의 그래프는 어떻게 될까?

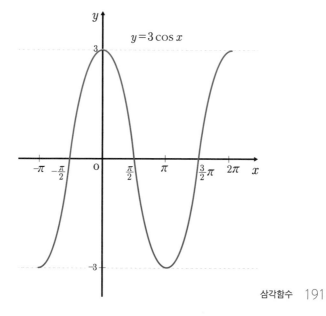

$y=\cos x$와 비교해보면 주기는 같고 치역만 변했다. 즉 $y=3\cos x$의 그래프는 $y=\cos x$의 그래프를 y축 방향으로 3배 확대한 것으로 주기 2π는 그대로이고 치역만 $-3\leq y\leq 3$로 변한 그래프이다.

이로써 $y=\sin x$의 그래프와 성질이 같다는 것을 알 수 있다. 요컨대 $y=a\cos x(a>0)$의 그래프는 $y=\cos x$의 그래프를 y축 방향으로 a배 확대 또는 a배 축소한 것으로, 주기는 변하지 않고 치역만 $-a\leq y\leq a$로 변한 그래프이다.

지금까지 이해한 내용을 토대로 $y=\cos 2x$의 그래프를 살펴보자.

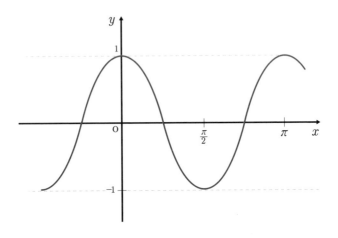

그렇다. $y=\cos x$의 그래프를 x축 방향으로 $\dfrac{1}{2}$배 축소한 그래

프이다. 치역은 변하지 않고 주기만 변한 그래프인 것이다.

정리해보면 $y = \cos bx \, (b > 0)$ 그래프는 $y = \sin bx \, (b > 0)$의 그 래프와 마찬가지로 $y = \cos x$ 그래프를 x축 방향으로만 $\dfrac{1}{b}$배 확대 또는 $\dfrac{1}{b}$배 축소한 그래프라는 것을 알 수 있다. 이때 치역은 변하 지 않고 주기만 2π에서 $\dfrac{2\pi}{b}$로 변한다.

그럼 이제 문제를 통해 삼각함수의 그래프를 그려 최댓값과 최솟 값을 구해보자.

다음 삼각함수의 그래프를 그리고 최댓값과 최솟값, 주기를 각각 구하여라.

문제 **1** $y=3\sin x$

풀이 $y=3\sin x$ 그래프는 $y=\sin x$ 그래프를 y축 방향으로 3배 확대한 그래프이다.

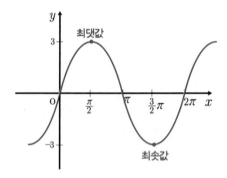

답 최댓값 3, 최솟값 -3, 주기 2π

문제 **2** $y=2\cos\dfrac{1}{3}x$

풀이 $y=2\cos\dfrac{1}{3}x$ 그래프는 $y=\cos x$ 그래프를 y축 방향으로 2배, x축 방향으로 3배 확대한 그래프이다. 치역이 $-2\leq y\leq2$ 이고 주기는 2π의 3배, 즉 6π이다.

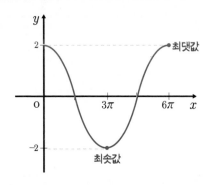

답 최댓값은 2, 최솟값은 -2, 주기는 6π

문제 **3** $y = \sin x + 1$

풀이 $y = \sin x + 1$의 그래프는 $y = \sin x$ 그래프를 y축 방향으로 1

만큼 평행이동시킨 것이다.

치역은 $0 \le y \le 2$이고 주기는 $y = \sin x$의 그래프와 같이 2π

이다.

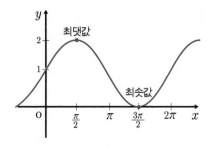

답 최댓값은 2, 최솟값은 0, 주기는 2π

탄젠트함수의 그래프는 어떻게 될까?

여러분은 이미 $\tan\theta = \dfrac{y}{x} = \dfrac{\sin\theta}{\cos\theta}$임을 알고 있다. $y = \tan x$의 그 래프를 그릴 때는 반지름이 1인 원을 좌표평면에 그려놓고 $\dfrac{y}{x}$값을 찾아서 표시해보자.

$\tan 0° = \dfrac{0}{1}$이므로 0이다. $\tan 90° = \dfrac{1}{0}$로 분모가 0인 경우는 있을 수 없으므로 정의할 수 없다. 그래서 그래프를 보면 x의 값이 $-\dfrac{\pi}{2}$, $\dfrac{\pi}{2}$일 때 $\tan x$의 값이 정의되지 않는다. 따라서 직선 $x = -\dfrac{\pi}{2}$, $x = \dfrac{\pi}{2}$는 이 그래프의 점근선이 된다.

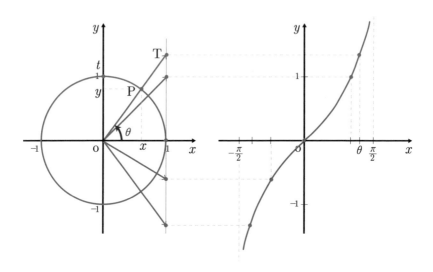

또한 $\tan(\pi + \theta) = \tan\theta$이므로 $y = \tan x$의 주기는 π이다. 그래

서 $-\dfrac{\pi}{2}<x<\dfrac{\pi}{2}$에서의 $y=\tan x$의 그래프를 π만큼씩 x축 방향으로 평행이동시킨 그래프가 $\dfrac{\pi}{2}<x<\dfrac{3}{2}\pi$에서 $y=\tan x$의 그래프이다.

정리하면 $y=\tan x$ 그래프의 정의역은 점근선$(x=n\pi+\dfrac{\pi}{2},\ n$은 정수$)$을 제외한 실수 전체이다. 치역은 실수 전체이고 주기는 π이다.

그래서 $y=\tan x$의 그래프는 다음과 같다.

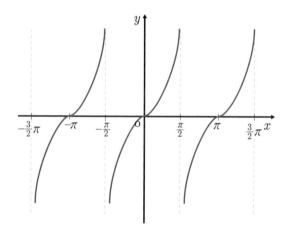

계속해서 $y=a\tan x\,(a>0)$ 그래프를 살펴보자. 이 문제는 $y=\tan x$의 그래프를 y축 방향으로만 a배 확대 또는 a배 축소한 것이다. 물론 치역, 주기, 점근선은 모두 변하지 않는다.

$y=-\tan x$ 그래프는 어떻게 될까? $y=\tan x$ 그래프를 x축에 대하여 대칭이동시키면 된다.

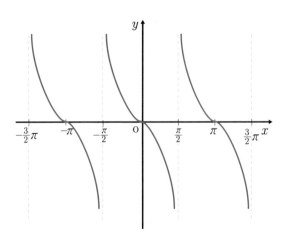

$y=\tan bx\,(b>0)$ 그래프는 사인함수, 코사인함수와 마찬가지로 $y=\tan x$의 그래프를 x축 방향으로만 $\dfrac{1}{b}$만큼 확대 또는 $\dfrac{1}{b}$만큼 축소하면 된다. 여기서는 치역은 변하지 않지만 주기와 점근선은 변한다. 주기는 π에서 $\dfrac{\pi}{b}$로, 점근선은 $x=\dfrac{n}{b}\pi+\dfrac{\pi}{2b}$로 변한다.

예제를 통해 직접 그려보자.

$y=-\tan\dfrac{1}{2}x$ 그래프를 그리고 주기와 점근선을 구해보자.

$y=-\tan\dfrac{1}{2}x$ 그래프는 $y=\tan x$의 그래프를 x축 방향으로 2배 확대한 후 x축에 대하여 대칭이동시킨 그래프이다.

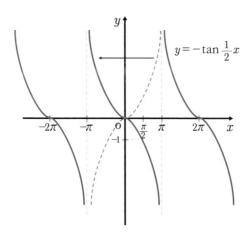

$$y = -\tan\frac{1}{2}x$$

주기는 2π이고 점근선은 $x = 2n\pi + \pi$ (n은 정수)이다.

그렇다면 $y = |\tan x|$의 그래프는 어떻게 될까?

$y = \tan x$ 그래프에서 $y \geq 0$인 부분은 그대로 두고 $y < 0$인 부분을 양의 부분으로 옮기면 $y = |\tan x|$ 그래프가 된다.

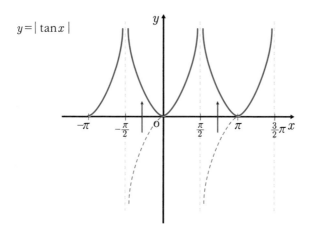

$$y = |\tan x|$$

삼각함수의 최댓값과 최솟값

앞서 살펴본 그래프들을 이용해서 삼각함수를 포함한 식의 최댓값과 최솟값을 구해보자.

먼저 일차식 형태의 삼각함수 문제를 살펴보자.

$y = 2\cos x + \sin\left(\dfrac{\pi}{2} - x\right) + 1$의 최댓값과 최솟값을 구하여라

이 문제는 어떻게 풀어내야 할까? 먼저 삼각함수의 각 변환을 이용해서 한 종류의 삼각함수로 통일시킨다.

$\sin\left(\dfrac{\pi}{2} - x\right) = \cos x$이므로,

$$y = 2\cos x + \sin\left(\dfrac{\pi}{2} - x\right) + 1$$

$$= 2\cos x + \cos x + 1$$

$$= 3\cos x + 1$$

$3\cos x$는 $\cos x$의 치역의 3배이므로 $-3 \le 3\cos x \le 3$이고,

$3\cos x + 1$이므로 y축의 방향으로 1만큼 평행이동시키면,

$-2 \le 3\cos x + 1 \le 4$가 된다. 따라서 함수의 최댓값은 4, 최솟값은 -2이다.

예제를 하나 더 풀어보자.

$y = a\sin bx + c$(단 $a > 0$, $b > 0$) 그래프가 다음 그림과 같을 때 상수 a, b, c값을 구하여라.

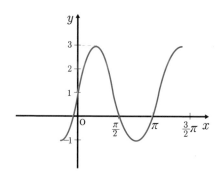

$y = a\sin bx + c$에서 $a > 0$이므로 최댓값은 $a + c$, 최솟값은 $-a + c$이다. 따라서 $-1 \leq a\sin bx + c \leq 3$이므로 먼저 a와 c의 값을 찾을 수 있다.

$-a + c \leq a\sin bx + c \leq a + c$이므로,

$-a + c = -1$, $a + c = 3$, $c = 1$,

$-2 \leq a\sin bx \leq 2$이므로 $a = 2$이다.

주기는 π이므로 $\dfrac{2\pi}{|b|} = \pi$에서 $b = 2$이다.

그럼 이제 이차식 형태의 삼각함수를 풀어보자.

$y = \cos^2 x + 2\sin x + 1$의 최댓값과 최솟값을 구하여라.

이 문제는 $\sin^2 x + \cos^2 x = 1$을 이용하여 한 종류의 삼각함수를 포함한 식으로 정리한다.

$$\cos^2 x = 1 - \sin^2 x$$
$$y = (1 - \sin^2 x) + 2\sin x + 1$$

$$= -\sin^2 x + 2\sin x + 2$$

이 문제는 $\sin x$를 t로 치환하여 이차함수의 형태로 만든다. (-1 $\leq \sin x \leq 1$이므로 $-1 \leq t \leq 1$)

$$y = -t^2 + 2t + 2$$
$$= -(t^2 - 2t + 1 - 1) + 2$$
$$= -(t-1)^2 + 3$$

따라서 그래프는 다음 그림과 같다.

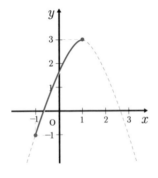

$t=1$일 때 최댓값 3, $t=-1$일 때 최솟값 -1이다.

문제 1 함수 $y=3\cos\left(\dfrac{\pi}{2}-x\right)-3$의 주기와 최댓값, 최솟값을 구하여라.

풀이 삼각함수의 각 변환을 이용하면 $\cos\left(\dfrac{\pi}{2}-x\right)=\sin x$이므로 $y=3\cos\left(\dfrac{\pi}{2}-x\right)-3=3\sin x-3$이다. 이는 $y=\sin x$의 그래프를 y축 방향으로만 3배 확대한 후 y축 방향으로 -3만큼 평행이동한 그래프이다.

주기는 변하지 않았으므로 2π이고 치역은 $-1\le\sin x\le1$의 3배이니 $-3\le3\sin x\le3$, 이것을 y축 방향으로 -3만큼 평행이동시키면 $-3-3\le3\sin x-3\le3-3$이 된다. 따라서 $-6\le3\sin x-3\le0$이므로 최댓값은 0, 최솟값은 -6이다.

답 주기 2π, 최댓값 0, 최솟값 -6

문제 2 $y=a\sin(bx+c)+d$ 그래프가 다음 그림과 같을 때 상수 $a,b,$ c,d값을 구하여라.(단 $a>0, b>0, 0<c<\pi$)

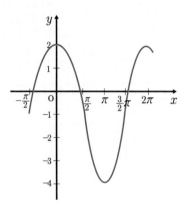

풀이 그림을 보면 $a>0$이고 최댓값이 2, 최솟값이 -4이므로

$-1\le\sin x\le 1$를 바꿔보면 $-a+d\le a\sin x+d\le a+d$

이다.

$a+d=2$, $-a+d=-4$이므로 $a=3$, $d=-1$,

또한 $b>0$이므로 주기는 $\dfrac{2\pi}{b}=2\pi$이다. 따라서 $b=1$

앞의 식에서 구한 a, b, d의 값을 처음 식에 대입하면,

$y=3\sin(x+c)-1$이다.

이 그래프가 $(0,2)$를 지나므로 $2=3\sin(0+c)-1$,

$3\sin c=3$ $\therefore \sin c=1$

$(0<c<\pi)$이므로 $\sin c=1$인 c는 $\dfrac{\pi}{2}$이다.

답 $a=3$, $b=1$, $c=\dfrac{\pi}{2}$, $d=-1$

문제 3 $y=2\cos^2\theta+\sin^2\theta+5\sin\left(\dfrac{\pi}{2}+\theta\right)+\cos(\pi-\theta)$의 최댓값

과 최솟값을 구하여라.

풀이 $\sin^2\theta+\cos^2\theta=1$과 삼각함수의 각 변환을 이용한다.

$\sin\left(\dfrac{\pi}{2}+\theta\right)=\cos\theta$, $\cos(\pi-\theta)=-\cos\theta$을 이용하면,

$y=2\cos^2\theta+\sin^2\theta+5\sin\left(\dfrac{\pi}{2}+\theta\right)+\cos(\pi-\theta)$

$\quad=2\cos^2\theta+1-\cos^2\theta+5\cos\theta-\cos\theta$

$\quad=\cos^2\theta+4\cos\theta+1$

$\cos\theta$을 t로 치환 ($-1 \leq \cos\theta \leq 1$이므로 $-1 \leq t \leq 1$)하면,

$y = t^2 + 4t + 1$

$y = t^2 + 4t + 4 - 4 + 1$

$\quad = (t+2)^2 - 3$

$-1 \leq t \leq 1$

최댓값은 $t = 1$일 때, $(1+2)^2 - 3 = 6$,

최솟값은 $t = -1$일 때,

$(-1+2)^2 - 3 = -2$

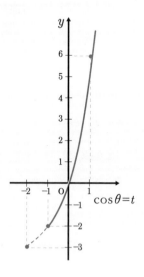

답 최댓값 6, 최솟값 -2

❸ 삼각형에의 활용

사인법칙과 코사인법칙

삼각형 세 각의 크기와 각각에 대응하는 변의 길이 사이에는 어떤 관계가 있을까?

우리는 삼각형의 세 변의 길이 또는 두 변과 그 끼인 각 또는 한 변과 양 끝각을 알 때 삼각형을 그릴 수 있다.

$\triangle ABC$의 세 각을 $\angle A$, $\angle B$, $\angle C$, 각각의 각에 대응하는 변의 길이를 a, b, c라고 할 때, 각각의 각과 대변 사이에 어떤 관계가 있는지 알아보자.

그림처럼 $\angle C$에서 대변 c에 수선 h를 그린다.

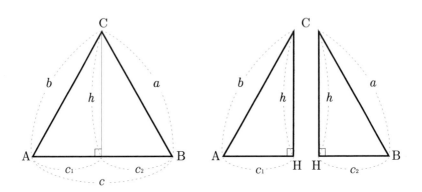

이 경우 $\triangle ABC$가 h가 같은 두 개의 삼각형으로 나뉘게 된다. 이 때의 높이 h를 구해보자.

그동안 피타고라스의 정리를 이용하여 풀었지만 이제 삼각함수를 배웠으니 이런 문제가 나오면 사인을 이용해보자.

각 변과 h 사이의 관계를 사인값으로 나타내면,

$$\frac{h}{b} = \sin A \,, \; h = b \sin A,$$

$$\frac{h}{a} = \sin B \,, \; h = a \sin B 라는 것을 알 수 있다.$$

두 식의 h가 같으므로,

$b \sin A = a \sin B$라는 것을 알 수 있다.

다시 정리하면 $\dfrac{b}{\sin B} = \dfrac{a}{\sin A}$가 된다.

그런데 $\angle B$에서 대변 b에 수선 h를 내릴 경우도 각 변과 h 사이 관계를 사인값으로 나타낼 수 있다.

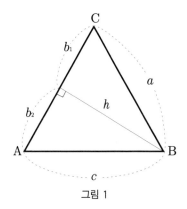

그림 1

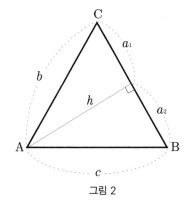

그림 2

그림 1을 보면 $\dfrac{h}{c}=\sin A$는 $h=c\sin A$, $\dfrac{h}{a}=\sin C$는 $h=a\sin C$라는 것을 알 수 있다. 두 식의 h가 같으므로 $c\sin A=a\sin C$이다.

다시 정리하면 $\dfrac{c}{\sin C}=\dfrac{a}{\sin A}$ 가 된다.

그림 2는 $\dfrac{h}{c}=\sin B$는 $h=c\sin B$, $\dfrac{h}{b}=\sin C$는 $h=b\sin C$이다.

이 두 식의 h가 같으므로 $c\sin B=b\sin C$라는 것을 알 수 있다.

다시 정리하면 $\dfrac{c}{\sin C}=\dfrac{b}{\sin B}$ 이 된다.

따라서 세 식을 모두 정리하면,

$$\dfrac{a}{\sin A}=\dfrac{b}{\sin B}=\dfrac{c}{\sin C}$$ 가 된다.

이를 사인법칙이라고 한다.

그리고 이 식은 $a:b:c=\sin A:\sin B:\sin C$로 바꾸어 이용할 수 있다. 다음 문제를 풀어보자.

$a=4$, $A=120°$, $B=30°$일 때, b를 구하여라.

$$\sin 120°=\sin(90+30)=\cos 30°=\dfrac{\sqrt{3}}{2}$$

$$\sin 30°=\dfrac{1}{2}$$

$$\dfrac{b}{\sin B}=\dfrac{a}{\sin A}\ \text{이므로}\ \dfrac{b}{\dfrac{1}{2}}=\dfrac{4}{\dfrac{\sqrt{3}}{2}}$$

$$b = \frac{4}{\frac{\sqrt{3}}{2}} \times \frac{1}{2} = \frac{4\sqrt{3}}{3}$$

$$\therefore b = \frac{4\sqrt{3}}{3}$$

그런데 이런 문제는 꼭 사인법칙을 이용해야만 할까? 높이 h가 같다는 것 말고 또 다른 관계는 없을까?

다시 한번 그림을 찬찬히 살펴보자.

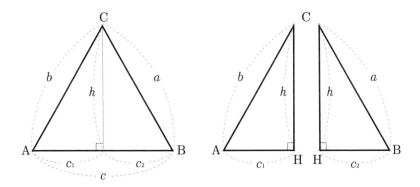

우리는 $c = c_1 + c_2$라는 것을 알고 있다. 그러면 c_1과 c_2를 구해보자.

$\angle A$에 대하여 c_1은 코사인 관계에 있으므로 $\cos A = \dfrac{c_1}{b}$이다.

이를 정리하면 $c_1 = b \cos A$이다.

c_2는 $\angle B$에 대하여 코사인 관계에 있으므로 $\cos B = \dfrac{c_2}{a}$이다.

이를 정리하면 $c_2 = a \cos B$이다.

$c = c_1 + c_2$이므로 두 식을 정리하면, $c = b\cos A + a\cos B$인 것을 알게 된다.

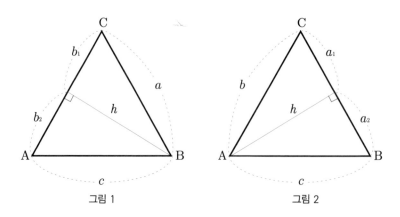

그림 1   그림 2

마찬가지로 $\angle B$에서도 수선 h를 내린 후 $b = b_1 + b_2$라는 것을 이용해 위와 같은 방법으로 b_1과 b_2를 구해보면 $b_1 = c\cos A$, $b_2 = a\cos C$이다.

$b = b_1 + b_2$이므로 $b = c\cos A + a\cos C$이다.

$\angle A$에서도 수선 h를 내린 후 $a = a_1 + a_2$라는 것을 이용하여 같은 방법으로 a_1과 a_2를 구해보면 $a_1 = b\cos C$이고 $a_2 = c\cos B$이다.

$a = a_1 + a_2$이므로 $a = b\cos C + c\cos B$이다.

이 세 가지 관계를 정리하면,

$$a = b\cos C + c\cos B$$

$$b = c\cos A + a\cos C$$

$$c = b\cos A + a\cos B$$

이 세 가지 관계를 제1코사인법칙이라 한다.

다음 예제를 풀어 좀 더 확실히 이해해보자.

$a = 4$, $b = \sqrt{2}$, $A = 45°$, $B = 60°$일 때 c의 값을 구하여라.

이런 문제는 먼저 $A = 45°$, $B = 60°$의 코사인 값부터 구한다.

$$\cos 45° = \frac{1}{\sqrt{2}}$$

$$\cos 60° = \frac{1}{2}$$

제1코사인법칙을 이용한다.

$$c = b\cos A + a\cos B = \sqrt{2} \times \frac{1}{\sqrt{2}} + 4 \times \frac{1}{2} = 1 + 2 = 3$$

$$\therefore c = 3$$

뭔가 더 있을 거 같은 기분이 든다면 여러분은 이제 삼각함수의 개념을 확실히 이해한 것이다. 다시 한 번만 더 그림을 찬찬히 살펴보자.

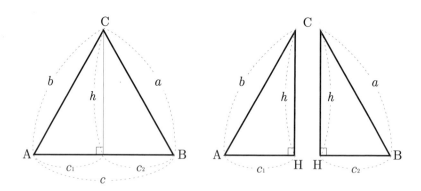

삼각형을 수직으로 자르니 직각삼각형이 두 개가 되었다.

왠지 피타고라스의 정리가 떠오르지 않는가? 이번에는 피타고라스의 정리와 삼각함수를 같이 사용해보자.

$$h^2 + c_1^{\,2} = b^2, \quad h^2 + c_2^{\,2} = a^2$$

∠A와 관련해서 알 수 있는 식은 다 떠올려보자.

$$h = b\sin A$$
$$c_1 = b\cos A$$
$$c_2 = c - c_1$$

그러므로 $c_2 = c - c_1 = c - b\cos A$

이 식들을 $h^2 + c_2^{\,2} = a^2$에 대입하면,

$$(b\sin A)^2 + (c - b\cos A)^2 = a^2$$

양변을 바꾸어 정리하면,

$$a^2 = b^2 \sin^2 A + c^2 - 2bc \cos A + b^2 \cos^2 A$$

b^2으로 묶어 정리하면,

$$= b^2(\sin^2 A + \cos^2 A) + c^2 - 2bc \cos A$$

$\sin^2 A + \cos^2 A = 1$을
대입하여 정리하면,

$$= b^2 + c^2 - 2bc \cos A \text{가 된다.}$$

여기서 $\angle A = 90°$일 경우를 보자.

$\cos A = 0$이므로 $a^2 = b^2 + c^2 - \underbrace{2bc \cos A}_{=0}$이 되어

$a^2 = b^2 + c^2$, 즉 피타고라스의 정리와 같아진다.

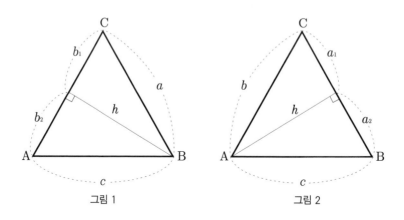

그림 1   그림 2

이러한 방법으로 b^2과 c^2도 구할 수 있다.

이것을 정리해보면,

$$a^2 = b^2 + c^2 - 2bc \cos \mathrm{A}$$

$$b^2 = a^2 + c^2 - 2ac \cos \mathrm{B}$$

$$c^2 = a^2 + b^2 - 2ab \cos \mathrm{C}$$

이며, 제2코사인법칙이라 한다. 물론 제2코사인법칙은 제1코사인법칙으로부터 유도했으나 그냥 코사인법칙이라 부르기도 한다.

다음 문제를 풀어보자.

$a = 2, b = 4, \mathrm{C} = 60°$ 일 때 c의 값을 구하여라.

제2코사인법칙을 적용하면, $c^2 = a^2 + b^2 - 2ab \cos \mathrm{C}$ 에서

$\mathrm{C} = 60°$ 이므로 $\cos 60° = \dfrac{1}{2}$ 이다.

$$c^2 = 2^2 + 4^2 - 2 \times 2 \times 4 \times \dfrac{1}{2}$$

$$= 4 + 16 - 8 = 12$$

$$\therefore c = \sqrt{12} = 2\sqrt{3}$$

사인법칙, 코사인법칙을 배움으로 삼각형 길이 구하는 방법이 더 다양해졌다. 이 법칙들은 도형에서도 중요하게 사용된다.

사인법칙

$$\frac{a}{\sin A} = \frac{b}{\sin B} = \frac{c}{\sin C}$$

제1코사인법칙

$$a = b\cos C + c\cos B$$

$$b = c\cos A + a\cos C$$

$$c = b\cos A + a\cos B$$

제2코사인법칙

$$a^2 = b^2 + c^2 - 2bc\cos A$$

$$b^2 = a^2 + c^2 - 2ac\cos B$$

$$c^2 = a^2 + b^2 - 2ab\cos C$$

이 법칙들은 왜 중요한 걸까?

사인법칙은 삼각형의 세 변의 길이와 세 각의 크기에 대한 사인 값 사이의 관계이다.

제1코사인법칙은 삼각형에서 두 변의 길이와 나머지 한 변의 양 끝각의 크기를 알 때, 나머지 한 변의 길이에 대한 관계이다.

제2코사인 법칙은 삼각형에서 두 변의 길이와 끼인각의 크기를 알 때, 나머지 한 변에 대한 관계이다.

때문에 이 법칙들은 삼각형을 풀이할 때 유용한 방법이다. 물론 삼각형이 두 개 붙은 사각형에 대한 풀이도 가능하다.

다음 예제를 통해서 어떤 상황에서 어떤 법칙을 사용하는지 알아보자.

$\triangle$ABC에서 $\sin A : \sin B : \sin C = 3 : 4 : 5$일 때, $\cos A$의 값을 구하여라

사인법칙으로부터 $\sin A : \sin B : \sin C = a : b : c$이므로,

$a : b : c = 3 : 4 : 5$, $a = 3x, b = 4x, c = 5x \ (x > 0)$으로 놓는다.

$a^2 = b^2 + c^2 - 2bc \cos A$ (제2코사인법칙)으로부터

$$\cos A = \frac{b^2 + c^2 - a^2}{2bc} \text{에}, \ a, b, c \text{를 대입하면},$$

$$\cos A = \frac{(4x)^2 + (5x)^2 - (3x)^2}{2 \times 4x \times 5x}$$

$$= \frac{16x^2 + 25x^2 - 9x^2}{40x^2}$$

$$= \frac{32}{40} = \frac{4}{5}$$

$$\therefore \cos A = \frac{4}{5}$$

$\cos A$는 $\dfrac{4}{5}$가 된다.

삼각형의 최대각과 최소각의 크기도 비교해서 찾을 수 있다.

△ABC에서 $a=2$, $b=\sqrt{3}$, $c=1$일 때 세 각 중 가장 큰 각의 크기를 구하여라.

세 변의 길이 중 a가 가장 크므로 A가 가장 큰 각의 크기이다.

제2코사인법칙을 이용하면,

$$a^2 = b^2 + c^2 - 2bc\cos A$$

$\cos A$로 정리하면,

$$\cos A = \frac{b^2 + c^2 - a^2}{2bc}$$

여기에 a, b, c를 대입하면,

$$\cos A = \frac{(\sqrt{3})^2 + 1^2 - 2^2}{2\sqrt{3}} \times 1 = 0$$

삼각형은 $0° < A < 180°$이므로 $A = 90°$

∴ 최대각의 크기는 $90°$

계속해서 삼각형의 넓이를 구하는 문제가 나온다면 삼각형의 두 변의 길이와 그 끼인각의 크기를 알 때 사인법칙을 이용해 넓이를 구할 수 있다.

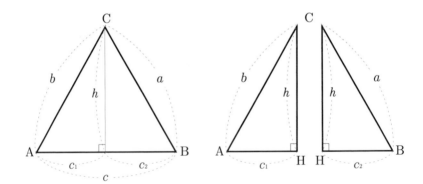

각 A와 b, c의 길이를 알 때 △ABC의 넓이를 구하여라.

높이 h를 알면 삼각형의 넓이 구하는 공식인 '$\frac{1}{2}$×밑변의 길이×높이'로 구할 수 있을 것이다.

h를 사인값으로 바꾸는 방법은 사인법칙에서 배웠다.

$h = b \sin A$이므로 삼각형의 넓이 구하는 공식에 넣으면,

$$\frac{1}{2} \times c \times b \sin A = \frac{1}{2} \times bc \sin A$$

이 식으로 삼각형의 넓이를 구할 수 있다.

각 B를 알 때는 $S = \frac{1}{2} \times ac \sin B$,

각 C를 알 때는 $S = \frac{1}{2} \times ab \sin C$를 이용하면 삼각형의 넓이를 구할 수 있다.

다음 문제를 풀어보자.

$a=3$, $c=2$, 그 사이 끼인각 B$=30°$인 다음 그림과 같은 △ABC
의 넓이를 구하여라.

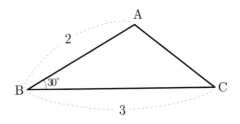

먼저 $\sin 30° = \dfrac{1}{2}$ 이고,

$\quad S = \dfrac{1}{2} \times ac \sin$B이므로 대입하면,

$\quad S = \dfrac{1}{2} \times 3 \times 2 \times \dfrac{1}{2} = \dfrac{3}{2}$

$\quad \therefore S = \dfrac{3}{2}$

△ABC의 넓이는 $\dfrac{3}{2}$이다.

삼각형의 높이가 주어지지 않아도 넓이를 구할 수 있게 되었다.
삼각형을 알면 사각형에 바로 응용할 수 있다.

두 변의 길이를 아는 평행사변형의 넓이는 삼각형의 넓이 구하는
공식을 이용해서 쉽게 구할 수 있다.

다음 그림과 같은 평행사변형 ABCD의 넓이를 구하여라.

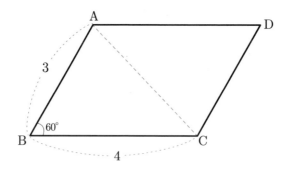

먼저 A와 C를 연결하면 합동인 삼각형이 두 개가 된다. 그러므로 각 B를 알 때 사용하는 $S=\dfrac{1}{2}\times ac\sin B$를 이용해 구한다.

삼각형이 2개이므로 $S=ac\sin B$, $\sin 60^{\circ}=\dfrac{\sqrt{3}}{2}$ 이다. 따라서

$$S=3\times 4\times \sin 60^{\circ}$$

$$=12\times \dfrac{\sqrt{3}}{2}=6\sqrt{3}$$

$$\therefore S=6\sqrt{3}$$

평행사변형의 넓이는 $6\sqrt{3}$ 이다.

사각형의 넓이는 두 개의 삼각형으로 나누어 생각하면 된다. 사인법칙, 코사인법칙을 이용하면 삼각형의 세 변의 길이가 주어졌을 때나 외접원, 내접원의 반지름을 알 때도 삼각형의 넓이를 구할 수 있다.

따라서 삼각함수를 이용하여 더 다양한 방법으로 도형의 넓이를 구할 수 있게 되었다.

문제1 $\triangle$ ABC에서 $\sin A : \sin B : \sin C = 2 : 3 : 1$일 때,

$\sin \dfrac{A+B-C}{2} + 1$의 값을 구하여라.

풀이 $\sin A : \sin B : \sin C = 2 : 3 : 1$이므로 $a : b : c = 2 : 3 : 1$이다.

따라서 $a = 2x, b = 3x, c = 1x$이다.

삼각형이므로 $A + B + C = 180°$,

$A + B = 180° - C$이므로

$A + B - C = 180° - C - C = 180° - 2C$

$\dfrac{A+B-C}{2} = \dfrac{(180° - 2C)}{2} = 90° - C$

$\sin \dfrac{A+B-C}{2} = \sin(90° - C) = \cos C$

제2코사인법칙에 의해,

$c^2 = a^2 + b^2 - 2ab \cos C$

$\cos C = \dfrac{a^2 + b^2 - c^2}{2ab}$ $a = 2x, b = 3x, c = 1x$을 대입하면,

$\cos C = \dfrac{4x^2 + 9x^2 - x^2}{2 \times 2x \times 3x} = \dfrac{12x^2}{12x^2} = 1$

$\sin \dfrac{A+B-C}{2} + 1 = 1 + 1 = 2$

답 2

^{문제}**2** 다음 삼각형 ABC에서 h의 길이를 구하여라.

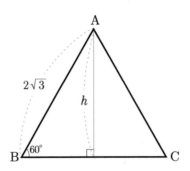

^{풀이} 이미 알고 있듯이 사인법칙을 구할 때는 $h = \overline{AB}\sin B$이다.

$\sin B = \sin 60° = \dfrac{\sqrt{3}}{2}$ 이므로 이를 대입하면,

$h = 2\sqrt{3} \times \dfrac{\sqrt{3}}{2} = 3$

^답 3

^{문제}**3** 다음 그림과 같은 평행사변형 ABCD의 넓이를 구하여라.

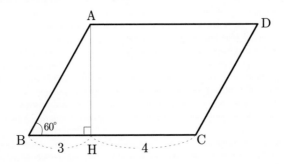

풀이 일단 먼저 $\overline{AB}$의 길이를 구한 후 $S = \overline{AB} \times \overline{BC} \sin B$를 이용하여 넓이를 구한다.

$\overline{AB}$의 길이는 $\cos 60°$를 이용하여 구한다.

$$\cos B = \frac{\overline{BH}}{\overline{AB}}$$

$$\frac{1}{2} = \frac{3}{x} , \ x = 6$$

$\overline{AB} = 6$, $\overline{BC} = 7$, $\sin 60 = \dfrac{\sqrt{3}}{2}$

$$S = \overline{AB} \times \overline{BC} \sin 60$$

$$S = 6 \times 7 \times \frac{\sqrt{3}}{2} = 21\sqrt{3}$$

답 $21\sqrt{3}$

문제4 그림과 같이 원에 내접하는 사각형 ABCD에서 $\overline{AB} = 4$, $\overline{BC} = 3$, $\cos D = \dfrac{1}{2}$ 이라고 할 때, $\overline{AC}$의 길이를 구하여라.

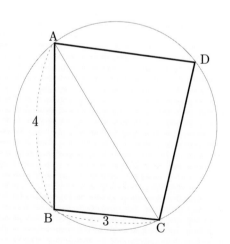

풀이 코사인법칙과 사각형이 원에 내접할 때 서로 마주보는 각의
합이 $180°$인 것을 이용하여 풀면 된다.

$$\cos D = \cos(180° - B)$$
$$= -\cos B = \frac{1}{2}$$
$$\therefore \cos B = -\frac{1}{2}$$

$\triangle ABC$에서 $b^2 = a^2 + c^2 - 2ac\cos B$ 코사인법칙을 이용

$$\overline{AC}^2 = a^2 + c^2 - 2ac\cos B$$
$$= 3^2 + 4^2 - 2 \times 3 \times 4 \times \left(-\frac{1}{2}\right)$$
$$= 9 + 16 + 12 = 37$$
$$\therefore \overline{AC} = \sqrt{37}$$

답 $\sqrt{37}$